生物灭绝与进化：化石揭开的生命历史

［美］奈尔斯·埃尔德雷奇 著
张樱子 译

中国科学技术出版社
·北 京·

图1

原始中华龙鸟（*SIOSAUROPTERYX PRIMA*），一种生有羽毛的恐龙。

白垩纪（Lower Cretaceous）（距今约1.25亿年）。中国辽宁省义县组。

原始中华龙鸟的羽毛最初是体温调节装置，有助于维持体温，同时，它也是鸟类飞行器官的前身。可以说，鸟类就是进化出飞行能力的有羽恐龙。

来源：卡尔斯鲁厄国立自然博物馆（Staatliches Museum für Naturkunde Karlsruhe）

生物灭绝与进化：

化石揭开的生命历史

图书在版编目（CIP）数据

生物灭绝与进化：化石揭开的生命历史 /（美）奈尔斯·埃尔德雷奇著；张樱子译．-- 北京：中国科学技术出版社，2025. 8. -- ISBN 978-7-5236-1420-4

Ⅰ．Q1-0

中国国家版本馆 CIP 数据核字第 2025D3B657 号

著作权登记号：01-2025-2162

策划编辑	徐世新	**责任编辑**	徐世新
封面设计	麦莫瑞文化	**版式设计**	麦莫瑞文化
责任校对	张晓莉	**责任印制**	李晓霖

出　　版	中国科学技术出版社
发　　行	中国科学技术出版社有限公司
地　　址	北京市海淀区中关村南大街 16 号
邮　　编	100081
发行电话	010-62173865
传　　真	010-62173081
网　　址	http://www.cspbooks.com.cn

开　　本	710mm × 1000mm　1/16
字　　数	260 千字
印　　张	16
版　　次	2025 年 8 月第 1 版
印　　次	2025 年 8 月第 1 次印刷
印　　刷	北京瑞禾彩色印刷有限公司
书　　号	ISBN 978-7-5236-1420-4
定　　价	98.00 元

目录

1 第一章　过往即序章

11 第二章　适应

43 第三章　物种起源

79 第四章　人类的进化

113 第五章　活化石

141 第六章　灭绝

181 第七章　宏观进化

224 尾声　新旧理论

236 摄影师的留言　献给莉莉：永恒的爱

239 注释参考书目

242 化石爱好者必读书目

243 经典著作推荐

245 致谢

序言

十三岁那年，我们科学班全体同学坐上校车，渡过河流，一同前往宾夕法尼亚州。校车在一条偏僻的道路旁停下，路边耸起一小片裸露的岩层，上面还长着树木。我们每个人都分到一把小巧而结实的锤子，并按要求去砸开路边的石坡。有的同学爬上岩层，在凉爽的树荫下敲敲打打；而我更想探寻没有树荫的区域，所以只能顶着烈日埋头苦干。我能听到头顶传来锤子的敲击声，偶尔还有小块碎石轻轻落到头上。但我太入迷了，根本顾不上理会，因为随着我一次次落锤，一排黑色的小肋节从岩石中显露出来——这正是我们此行要找的东西。

随着肋节逐渐显现，我也开始调整动作，让落锤点与肋节四周保持几英寸（1 英寸 =2.45 厘米）的距离，以免砸到化石。后来，岩石终于被我敲开，黑色的肋节也滚落出来。我立马把锤子搭在左肩，并用右手接住化石。

如今，我依然记得那块藏有肋节的岩石，或许它将永远刻在我的脑海。挖出它的几天前，老师刚给我们讲过相关知识，而挖出它之后，我努力将他讲过的内容与眼前事物联系起来。这不是什么石头——或者说，这不是普通的石头，而是由曾经的活物转变而来的化石。

我手里捧着的是一种名叫三叶虫的动物化石。它的肋节在背部形成了灵活的护盾，眼睛就像一对有斑点的宝石。三叶虫早在 2.5 亿年前便已灭绝，但在此之前，它们就像甲虫一样随处可见。我手中这个化石里的虫子曾在海底爬行，死后埋进泥浆，泥浆又慢慢增厚。但它并没有分解腐烂成为细菌和食腐动物的美餐，而是通过某种“矿物魔法”变成与它生前形态一模一样的石头。自那以后，它就一直埋在原地，见证着地球数亿年的沧海桑田。在此期间，恐龙踏上陆地，随后进化出羽毛，飞向天空；而埋葬着三叶虫尸体的沉积物也从海底隆起，变成陆地，接着越长越高，成为锯齿状的山脉，然后又被侵蚀成平缓的山丘，直到数百万年后，一群矮小的无毛双足猿挥着锤子占领了这片山坡。

当然，这并不是我第一次看到化石。小时候，我经常到博物馆参观暴龙和乳齿象的化石。但在展厅里，我无法由衷相信那些化石是从地球挖掘出来的。直到那个炎热的夏日，站在宾夕法尼亚的岩石露头旁，看着自己从地球岩层里“解救”出的小小三叶虫（马蹄蟹的远亲），我终于确信无疑。

图2

三种菊石照片，选自詹姆斯·霍尔（James Hall）专著中的鹦鹉螺化石插图，1879年。

古生物学家经常将新的化石标本与以前研究过的物种插图进行对比。

《生物灭绝与进化：化石揭开的生命历史》一书让我回想起那年夏末，也许是因为三叶虫对奈尔斯·埃尔德雷奇意义非凡。他不只是像我一样从地里挖出了一块三叶虫化石，多年来，他曾对无数三叶虫化石展开研究。在此期间，他不仅能想象现已灭绝的三叶虫曾经过着怎样的生活，还能想象其跨越数百万年、历经无数代的进化过程。三叶虫会交配、产卵，最终可能落入捕食者之口或是染上病毒，从而走向死亡，每只三叶虫的生命冒险都是一小块图案，而无数图案则共同构成一幅壮丽的马赛克图画。只有退后一步，观览整幅图画，埃尔德雷奇才能在三叶虫进化的停滞与脉动中找出规律。

当然，本书介绍的不只是三叶虫。从螺旋状的蜗牛壳到长着尖牙的鳄鱼嘴，每幅化石图都有其独特的解剖学之美。但进化论的精妙之处在于，它将自然界中的所有差异都融合成单一的潮流，细菌基因和熊的基因都遵循相同的逻辑。突变产生变异，自然选择等过程又能将其组合成新的生命形式。自然界会出现新的生态系统，而反过来，这套系统又能引导其中物种基因的转变。令人惊叹的是，这世界上竟有一个物种能弄清数十亿年的进化历程，而幸运的是，这个物种就是我们人类自己。

卡尔·齐默（Carl Zimmer）

图3

罗氏杯鼻龙（*COTYLORHYNCHUS ROMERI*），一种与哺乳类爬行动物有亲缘关系的原始物种。

二叠纪中期（Middle Permian，距今约2.55亿年），美国俄克拉荷马州（Oklahoma）。

化石向我们提出了问题，而我们则将化石图像与概念化的图像进行匹配，旨在了解进化过程。

第一章

过往即序章

图4

吉丁属（*PSILOPTERA* sp.），宝石甲虫。

始新世中期（Middle Eocene，距今约4 700万年），巴伐利亚州艾希施泰特的麦塞尔页岩（Messel Shales, Eichstatt, Bavaria）。

鲜有化石能保留生物的色彩。梅塞尔页岩就是特例，是一个典型的拉格斯塔特（Lagerstätten，特异埋藏化石）。与常见沉积物中的化石相比，这种化石的细节更为丰富。

来源：森肯贝格研究所和自然博物馆。

古老事物总能让我着迷。读书时，相比于现代史，我更爱古代史；相比于法语，我更爱拉丁语。上了大学以后，我本打算钻研希腊语和拉丁语，却偶然接触到了人类学：还有什么能比研究人类文化多样性的科学更关注现代世界呢？然而在接触人类学后，我的真实兴趣也迅速显现出来：对我而言，人类学更多意味着像路易·西摩尔·巴泽特·利基（Louis S. B. Leakey）从事的化石收集工作，而不是玛格丽特·米德（Margaret Mead）的民族志研究。果然，在 1963 年，我有幸以一名人类学家学徒的身份，来到巴西的一个渔村。当地有一块礁石，它为村子的渔船船队提供了安全的避风港。在那儿，我不仅热衷于探索渔业经济本身的社会组织细节，还乐此不疲地从礁石中挖掘冰河时代的贝壳化石。

第二年秋天开学以后，我选修了一门地质学课程，从此开启了我为之奋斗终生的事业，努力从化石中探寻着生命的历史。从本质上讲，化石属于地质学的研究范畴。诚然，它们是远古生命的遗骸，而我对它们的兴趣一直主要是生物学方面的，但在此之前，化石首先是地球本身的产物。因此，专门研究化石的古生物学既是一门地质学科，又属于生物学范畴（见第 2 页图 4）。一般情况下，化石中很少出现脊椎动物，即哺乳动物、鸟类、两栖动物、爬行动物以及各种鱼类的身影（当然，也有不少例外）。针对这类化石的研究工作主要属于比较解剖学的拓展范畴，是动物学家的任务，不是地质学家的工作。

与脊椎动物化石形成鲜明对比的是，无脊椎动物化石在沉积岩中极为常见，且通常数量庞大。在过去十亿年里，全球各大陆都由浅海覆盖，而无脊椎动物就生活在浅海海底，它们很容易困在沉积物中，变成化石，并跨越亿万年的时光，成为未来古生物学家的研究对象。除脊椎动物外，其他所有动物几乎都属于无脊椎动物，主要包括四大“门”：软体动物（蜗牛、蛤蜊、鱿鱼及其近亲）、节肢动物（虾蟹、昆虫及其近亲）、棘皮动物（海胆、海星及其同类）和腔肠动物（珊瑚和水母）。当然，无脊椎动物还不止这些，但以上四个门对化石记录作出了重大贡献，甚至可以说，它们在记录中留下了永久的印记（见第 4 页图 5）。地质学家很快发现，通过研究化石，他们可以相当精确地划分地质时间，因为各种化石总会按固定的纵向次序排列在岩层之中。地球上的岩石会按有机化石含量进行“分区”。沉积物（泥浆、淤泥、沙粒和石灰颗粒）会沉淀在海底和湖底，所以最底层的岩石年代最为久远。随着时间的流逝，沉积物层层叠加，而其中夹杂的动植物遗骸则忠实地记录着它们在地球上生存的年代。

在此，我附上一张地质时间表，以供参考。地质学家如何利用化石来解

图5

古怪蟹（*GERYON PERUVIANUS*），螃蟹的下视图。

更新世（Pleistocene，距今约100万年）。巴塔哥尼亚，蒙特莱昂（Monte Leon, Patagonia）。

螃蟹的骨骼很脆弱，保存如此完好的标本实属罕见。

读时间，这是个引人入胜的话题，但并不是本书讨论的重点。相反，我一直在努力通过化石序列还原生命进化的历程，从而进一步通过进化的历史探寻其本质。接下来的六个章节主要围绕生物进化展开，但我们绝不能忘记化石与地球物理史之间的深刻联系。

最后，我决定听从内心的声音，在复杂生命形式出现后的三大地质年代中选择最早的“古生代”，并将三叶虫作为自己的研究对象——它是目前已知最古老、最原始的节肢动物，也是现已彻底灭绝的动物之一。但我发现，为了更好地理解化石的意义，我必须收敛自己对纯粹古老化石的热情，也不能再一味地追求“古老”。我必须面对如今的生物世界，以及现代生物学迄今为止所揭示的所有生命本质。化石只是以前的生物留下的遗迹，如今，它们已没有心跳，不再觅食，也不再繁殖。众所周知，这些都是古生物以前进行过的生命活动，但它们究竟如何进行这些活动，往往难以得知——只有活着的生物才能帮我们解开谜题（见第6页图6）。

我的同事兼好友史蒂芬·杰伊·古尔德（Stephen Jay Gould）让我第一次感受到，鲜活的生命世界有着宝贵的价值，能帮我们揭开已灭绝生物的奥秘。他是我读研究生时的同窗，比我大了两届。我对古生代痴迷不已，史蒂芬在开始他的研究时，却选择了截然不同的方向——更新世（Pleistocene），也就是“冰河时代”（Ice Age），其开始于150多万年前，直到一万年前才结束（有些地质学家认为，该时代至今仍未结束）。史蒂夫选择研究百慕大（Bermuda）陆生蜗牛的进化过程，喜欢咬文嚼字的他将其称为“微观宇宙”。实际上，这些蜗牛是被困在了百慕大内陆，所以只在该地繁衍进化，没有混乱的迁入或迁出打乱演化的整个进程。最重要的是，这些生活在冰河时代、现已成为化石的蜗

地质时间表

距今时长（以百万年计）	地质时代	纪	世	时代持续时间
.01	新生代	第四纪	全新世	66
2			更新世	
5.3		第三纪	上新世	
23			中新世	
33.9			渐新世	
56			始新世	
66			古新世	
145	中生代	白垩纪		186
201		侏罗纪		
252		三叠纪		
299	古生代	二叠纪		289
323		石炭纪：后石炭纪（宾夕法尼亚纪）		
359		石炭纪：始石炭纪（密西西比纪）		
419		泥盆纪		
445		志留纪		
485		奥陶纪		
541		寒武纪		
	前寒武纪			4 009

=主要灭绝事件

图6

悬铃木属（*PLATANUS SP.*），梧桐叶。

始新世（距今约5 000万年）。科罗拉多州加菲尔德县（Garfield County, Colorado）。

始新世出现了很多我们熟悉的物种。

牛所留下的后代如今仍活跃于百慕大。史蒂夫可以研究这些活标本，而它们的起源和历史就保存在原始百慕大的沙丘化石和古老土壤之中。通过了解活蜗牛在早期进化过程中，是如何应对冰河时代的气候环境变化而出现的早期进化过程。

于是，我逐渐意识到要想理解过去，就要准确把握当今生物世界的动态原则。与此同时，我也绝不会放弃传统的古生物学视角，它提示我们，要想了解现代世界，就必须回顾过去，看看现在的一切如何形成。这就是我个人在研究生命历史和进化过程时遵循的核心原则。化石记录着生物进化的历史，与此同时，现代生物学又能帮助我们了解生物适应环境的过程。在我的古生物学职业生涯初期，化石研究与现代生物学之间的联系仍待加强。而如今，我的目标就是构思并提出更好的框架，将两种视角更好地结合在一起（图7）。

将化石记录与当今生物世界结合起来，这项任务并不像乍看之下那么容易。自19世纪后，古生物学便已和现代生物学严重脱节，以至于古生物学的进化理论时常与遗传学家的观点发生激烈冲突。遗传学这门研究遗传规律的学科，自1900年兴起以来，取得了长足的发展。新兴学科的快速发展营造出欣欣向荣的气氛。此时，一些遗传学家认为，他们可以用更直接的遗传变异机制来取代达尔文的自然选择论。而到20世纪30年代，遗传学家成功将最新的基因研究结果与达尔文关于动态进化过程的最初解释结合起来，形成了一个连贯

图7

蛇海星（*OPHIODERMA EDGERTONI*），一种棘皮动物。

侏罗纪早期（距今约2亿年）。英国莱姆里吉斯（Lime Regis）。

古生物学家通过研究现存的蛇尾来了解化石中的物种，而化石中的物种又可以揭开蛇尾背后的历史。

的理论，名为“新达尔文主义”（图8）。

到20世纪30年代末、40年代初，接下来需要做的是进一步将新达尔文主义和更为广泛的生物进化过程结合起来。20世纪40年代，古生物学家乔治·盖洛德·辛普森（George Gaylord Simpson）开始将化石记录的数据与现代进化理论结合在一起。他不拘一格，大胆尝试，但他也承认这项工作“可能充满着危险”。后文将再次对这位古生物学家展开介绍。

这项工作危险在哪呢？1944年，在谈起古生物学和遗传学的结合难点时，辛普森曾以幽默的口吻表示：“不久前，在古生物学家眼中，遗传学家就是一群怪人，整日窝在房间、拉着窗帘、看小苍蝇在奶瓶里飞来飞去，还自以为在研究大自然。他们表示，这种研究方式与真正的自然严重脱节，对真正的生物学研究毫无意义。另外，遗传学家也表示，古生物学对生物学没有进一步的贡献，它唯一的价值就是充分验证了进化论这一真理，实际上，它纯粹是一个描述性学科，根本不配称为‘科学’。在他们看来，古生物学家就像一个站在街角看汽车呼啸而过、妄图探明内燃机原理的人。”

辛普森描述的是两种视角的碰撞，也可以说是两种世界观的冲突。他承认（所有人都必须承认），无论我们对进化论持有怎样的看法，都必须遵循已知的遗传学原理。诚然，辛普森认为，进化过程的大部分关键因素都完全属于遗传学范畴。但另一方面，他也坚持认为，无论我们对进化论持有怎样的看法，都不得违背化石记录所揭示的生命历史。辛普森掌握了生物进化史的某个重要方面，在他看来，这些重要内容似乎与当

图8

犁齿鱼属（*PHAREODUS* SP.），一种原始硬骨鱼。

始新世早期（距今约5 000万年）。怀俄明州绿河组化石湖（Fossil Lake, Green River Formation, Wyoming）。

如果没有化石来勾勒生命的历史，进化生物学就无法呈现生命在各地质时代所展现的戏剧性、广度和规律。

时主流进化理论所认可的标准“图像”相悖。而我也认同他的观点。

这些生命历史“图像”究竟是什么？从某种层面来讲，我们拥有充足的物证——本书展现了大量精美图片，呈现出丰富多彩的动植物化石。要想解释生物因何诞生、如何诞生，为什么会变成如今的样子，又为什么销声匿迹，就要以这些照片为基础。它们是生命历史的原始文献，我们完全可以按照字面意思，将其理解为“图像”（见第 8 页图 3）。

但与此同时，文字也能描绘图像。在对记载生命历史的化石展开研究时，为了将其与遗传学原理和现代进化理论更好地结合，我们不仅要关注化石的独特之处，也要探寻普遍规律。达尔文的进化论（如果完全正确的话）描绘了化石应有的样子，后文会提到，现代进化生物学也沿用了达尔文所描绘的原始图像。从古生物学的角度来看，探寻更合理的进化理论其实就是在调和达尔文的观点——指经过现代生物学，尤其是遗传学纠正后的观点——与生命历史的实际模式——即化石记录所揭示的图像——之间的冲突。

科学就是坚持不懈地拉近人类观念与其感知到的自然规律之间的距离。归根结底，我们围绕大自然描绘的概念图像一部分源于感知，另一部分是解释说明。这项任务永无止境：每代人都有责任去修正这个图像，并通过不断发展的科学知识对其进行细化。当然，冲突在所难免——因为每代人都会质疑前人的成果，而关于这幅图像究竟要不要修正、具体如何修正，不同的科学家也会有不同的看法。但在我看来，一步步探索生命历史、不断修正图像，就是最振奋人心的事业。本书呈现的图片都附有文字说明，这些文字记录了古生物学家在精进进化图像的过程中展开的探索。

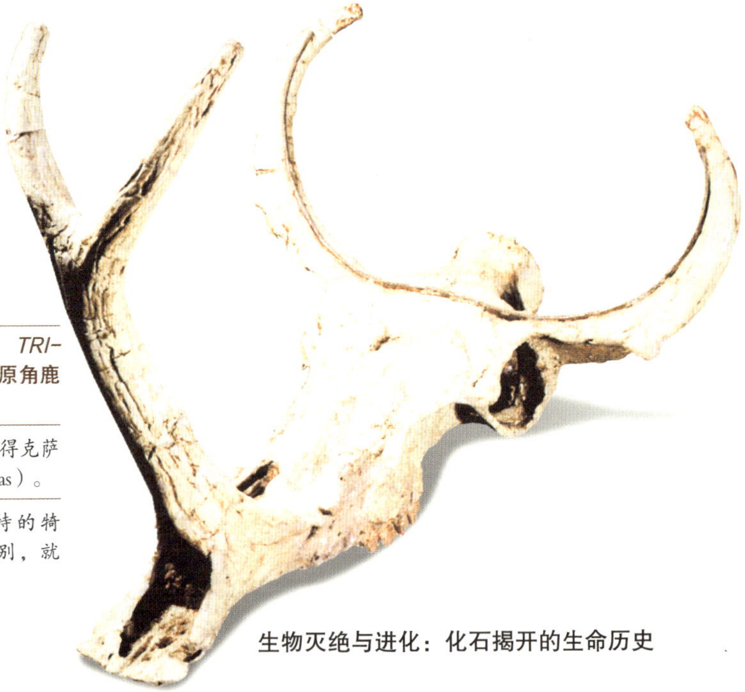

图9

奇角鹿（*SYNTHETOCERAS TRICORNATUS*），属于偶蹄目原角鹿科，骆驼的近亲。

中新世（距今约1 200万年）。得克萨斯州克拉伦登（Clarendon, Texas）。

这种已灭绝的生物长着奇特的犄角，可能是为了方便配偶识别，就和现代非洲羚羊的犄角一样。

第二章

适应

多年来，混沌理论（Chaos theory）一直是数学家、气象学家、物理学家、工程师、经济学家、生物学家和哲学家研究的课题。井然有序的表象之下往往潜伏着混沌。例如，北美天气图看起来相当简单有序——太平洋西北部有低压区（怪不得西雅图总是下雨！），百慕大的高压区占据北美中心，还有一个低压区位于卡罗来纳海岸。然而，这些有序的模式其实由局部异常引起，既无法测量，也无法预测。因此，混沌是长期天气预报的宿敌。

而面对浩瀚无垠的生命历史，我们恰恰面临着相反的问题——乍一看，一切似乎都处于混沌之中：地球上有数万亿生物、数百万物种，又经历了数十亿年的时光，这些都是我们要关注的对象。即使追溯到暗淡的远古时期，着眼于生命最初的起源，也就是微不足道的低等细菌，我们也会发现，这些原始的单一生命分支后来又分裂为无数微生物、真菌、植物和动物，它们共同组成错综复杂的阵列，让我们迷失其中。

但我们不应为此感到绝望，因为表面的混乱中隐藏着真正的秩序。生命的历史漫长而复杂，但也不是完全无法理解。新物种出现又消亡，生态系统形成、瓦解或撕裂，在此过程中，有些模式会反复出现。这些编写生命历史的原则就是进化过程，而我们也要通过这些原则来解读化石，以直接了解生命历史中的秩序。化石呈现的信息很简单，却揭示了有关生命本质及其历史的深刻真理。努力理解生命历史就是在探寻模式和秩序。而在有机自然界中，适应是秩序的首要体现，或许也是最深刻的体现。

自然界的设计

没人知道地球现存物种究竟有多少——至少100万个，甚至可能多达8 000万个。而在横跨35亿年的生命历史中，还有上百万物种曾来过这里，后来彻底灭绝。由此可见，生物多样性简直超乎想象。但这么多物种究竟从何而来呢？

所有生物在生存过程中都面临两大问题：第一，它们必须通过某种形式的能量和基本材料来构建自己的身体，从单细胞生物发育成复杂的生物体，逐步生长并维持身体机能（见第13页图10）；第二，生物还需要繁殖，除了维持生命所需的结构和行为外，繁殖活动通常需要特殊的结构和行为才能完成。要理解这种庞大的生物多样性，首先要认识到，生物有多种生存方式，甚至有多种繁殖方式（见第10页图9）。有些动物以其他动物为食，有些则以植物为食，肉食性哺乳动物和草食性反刍动物的外观和行为截然不同，而兰花多种多样的形状和颜色其实反映了开花植物在繁殖结构上的差异（见第13页图11）。

人们早已意识到，生物体似乎非常适应它们在自然界中的“角色”。所

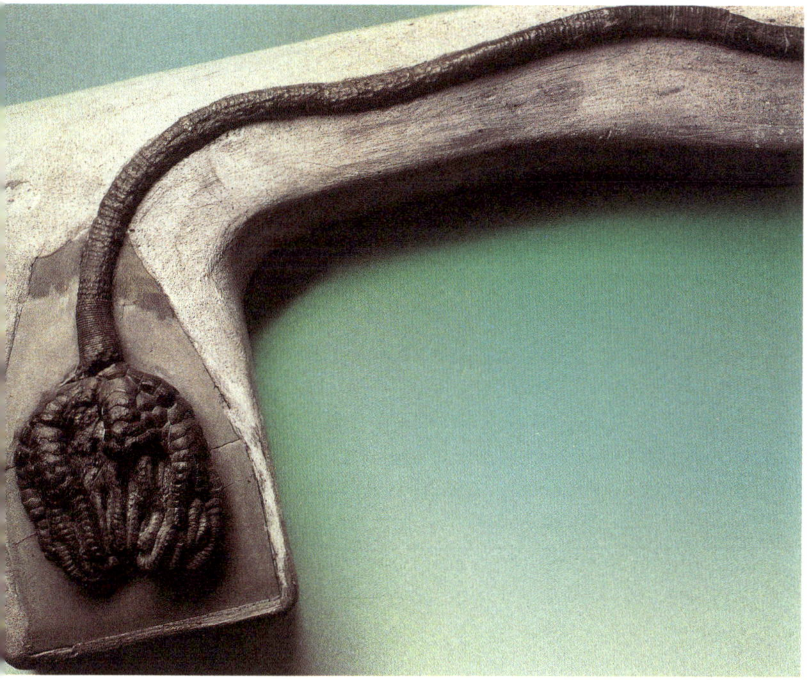

图10

佛贝斯海百合（*FORBESIOCRINUS MEEKI*），是一种海百合（crinoid），属于棘皮动物。

始石炭纪（距今约3.4亿年）。印第安纳州克劳福兹维尔（Crawfordsville, Indiana）。

海百合羽毛状的“手臂”可以过滤海水中的微小食物颗粒，非常适合在海底生活。

图11

桉海百合（*EUCALYPTOCRINITES* SP.）的根部结构，它也是一种海百合，属于棘皮动物。

志留纪中期（距今约4.25亿年）。印第安纳州沃尔德伦（Waldron）。

海百合扎根于海底，看起来像植物，实际上海星和海胆都是它的近亲。

有角色都需要摄取能量和物质来维持生命，这就像是生物体的“主业”。与此同时，它们也要通过获取的能量、“专用”结构及特殊行为进行繁殖，这就像是生物体的“副业”。特别是某些获取能量方式非常单一的生物，它们显然能更好地执行生存和繁殖任务。表面来看，在地上跳来跳去、捡拾种子的家雀似乎更难适应自己的栖息地（虽然那粗短的喙确实非常适合啄开种子）；相比之下，爬行的竹节虫看起来和细枝没什么两样，还能一动不动地定在枝头，简直堪称生物的工程学奇迹。但实际上，竹节虫一类的生物是高度特化的“专才”，而家雀则是“通才”，能在多种栖息地生存下去。这种“专才”与“通才”之间的差异可以很好地解释为何某些物种比其他物种进化更快、灭绝也更快。

总而言之，我们已经领略了生物界精巧的设计。生物都要适应自己所在的环境。海洋生物直接从水中提取氧气（这可绝非易事），而我们陆地生物则从空气中提取。但有些陆地生物兼具这两种能力，比如有鳃的两栖动物幼体。很多成年两栖动物还能继续从附着于皮肤的水分中提取氧气（图 12、见第 17 页图 13）。由此可见，种类繁多的生物也遵循一定的秩序。

生物的秩序和精巧设计究竟从何而来？为何所有生物都能很好地适应栖息地的环境，满足迫切的生存需求（见第 18 页图 14、图 15，第 19 页图 16）？西方文明从中世纪的沉睡状态中醒来后，好奇的人类便开始研究自然界的组合方式。17 世纪的瑞典博物学家卡尔·冯·林奈（Karl von Linné）——也就是我们熟知的林奈乌斯（Linnaeus），发现了一种将所有生物联系在一起的相似性模式。比如，狗和猫的相似度要比狗和鹿的相似度更高，但这三种动物都有毛发和乳腺，因此同属于更大的类群，即哺乳动物。而哺乳动物、鸟类、爬行动物、两栖动物和鱼类又都有脊柱和其他“脊椎动物”特有的结构（见第 20 页图 17）。以此类推，我们便会发现，生物群体之间存在层层嵌套的自然秩序。由此可见，各种生物不仅能充分适应各自栖息地的环境（仿佛量身定做一般），还能通过一种显而易见的系统性相似模式联系在一起。

生物形态的模式（其中也包括化石记录——林奈不仅为现存生物命名，也为许多化石中的物种命名）浮现以

图12

青蛙（两栖纲）化石，此化石尚无学名及分类。

始新世早期（距今约5 200万年）。美国怀俄明州绿河组化石湖。

当然，青蛙的后腿，经过了大幅度的改变，获得了极强的跳跃能力——这是一种进化适应。相比之下，蝾螈的前后肢大小则更加接近，比例与其水陆两栖的祖先大致相同。

来源：兰斯·格兰德（Lance Grande），菲尔德自然史博物馆（The Field Museum）。

图13

天义初螈（*CHUNERPETON TIANYIENSIS*）

侏罗纪中期（距今约1.61亿年）。中国内蒙古自治区宁城县道虎沟化石层。

这种已灭绝的蝾螈与现存蝾螈（包括濒危的亚洲大鲵）非常相似。

来源：高克勤，北京大学。

图14

恐狼（*CANIS DIRUS*）特写

猫和狗虽然看起来差别很大，却有着密切的亲缘关系，其骨架也展现出很多共同特征。

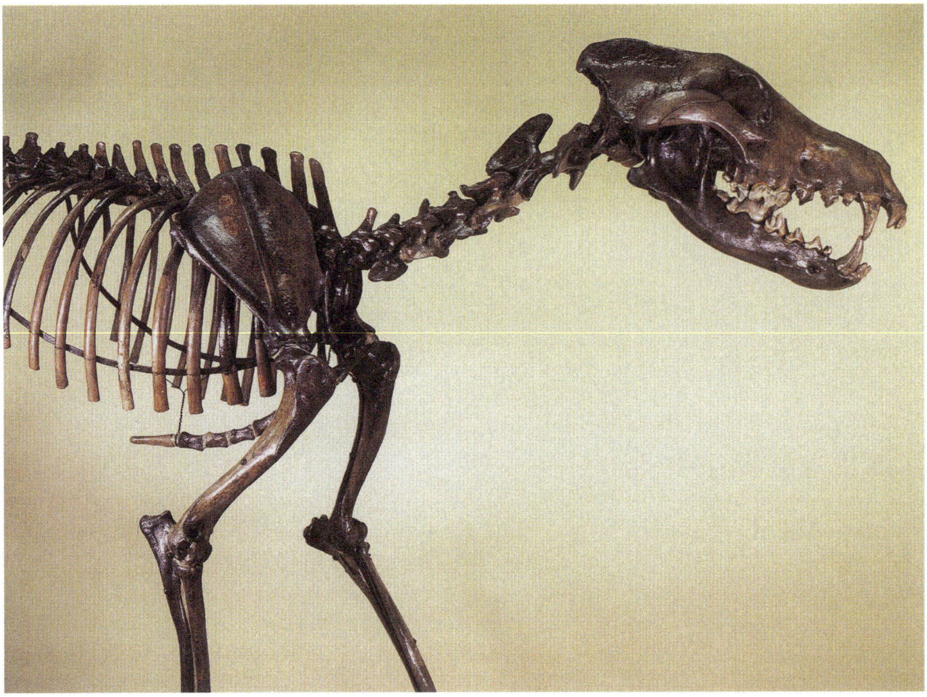

图15

恐狼

更新世（距今约2.5万年）。加利福尼亚州洛杉矶的拉布雷亚沥青坑。

恐狼的身体构造非常适应肉食性哺乳动物的生活方式。

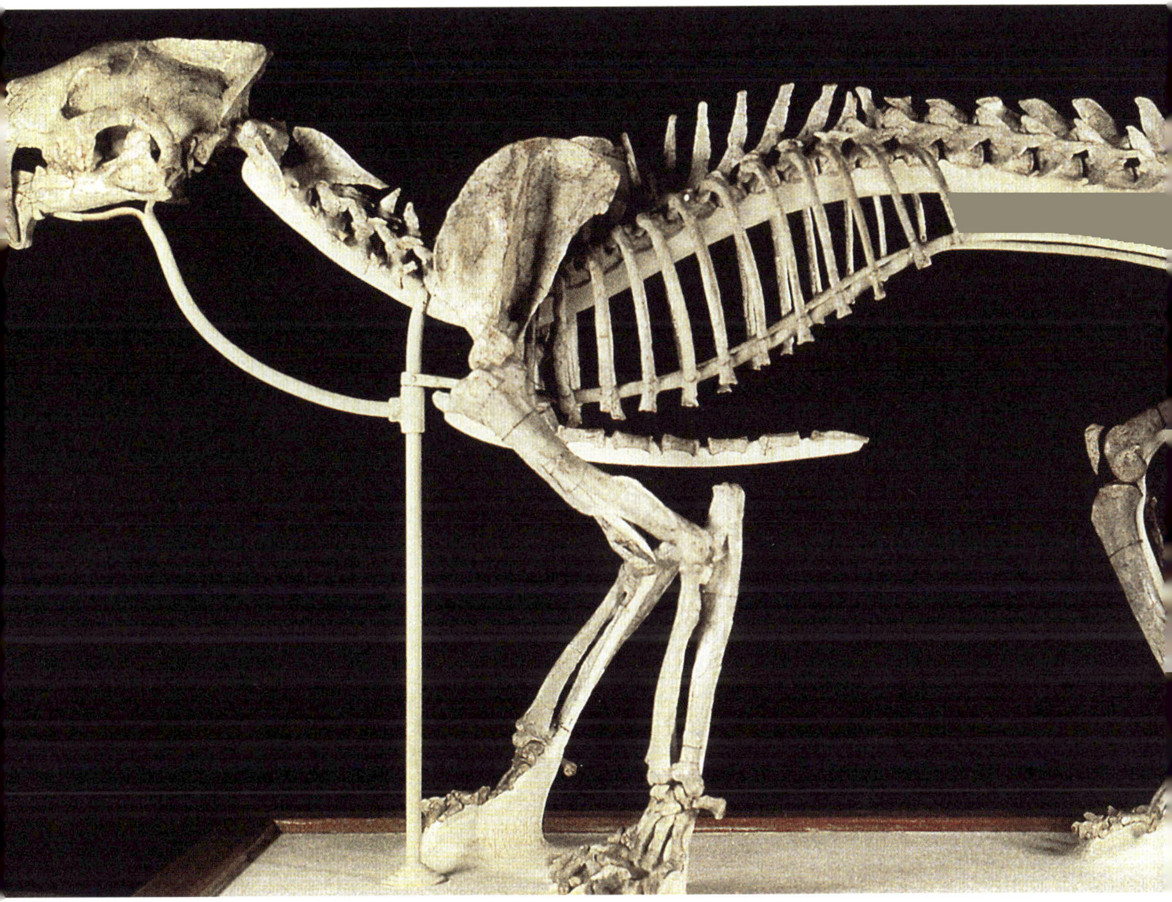

图16

原始伪剑齿虎（*HOPLOPHONEUS PRIMAEVUS*）

渐新世（距今约3 000万年）。南达科他州。

剑齿类哺乳动物的早期形态，与真正的猫科动物关系密切。

所有食肉哺乳动物的颌内都有相似的剪齿结构。

图17

大头引螈（*ERYOPS MEGACEPHALUS*），巨型原始两栖动物。

二叠纪早期（距今约2.7亿年）。得克萨斯州威奇托盆地（Wichita Basin）。

两栖动物是能在陆地和水中生活的脊椎动物，但它们缺乏爬行动物、鸟类和哺乳动物共有的羊膜卵及其内膜结构。

后，人们不禁会问，生物多样性从何而来？这种自然设计从何而来？将所有生物联系在一起的规律模式又从何而来？而早期博物学也不得不面对那个早已存在的答案：造物主上帝。文艺复兴时期的很多学者本身就是神职人员，就算不是，也一定对上帝非常虔诚。18世纪末至19世纪上半叶，自然科学蓬勃发展，地质学、生物学及二者的混合学科——研究古生物化石遗骸的古生物学，也取得飞跃式进展。化学和物理不必抗衡《圣经》启示便能得到发展，而自然史却不能，因为古代先知已经考虑过自然史涉及的这些问题，也早已写下各种著作，并汇集成犹太教和基督教的《圣经》，而他们的答案在《创世记》（*Genesis*）开篇就已明了。

圣保罗教堂（St. Paul's Cathedral）教士威廉·佩利（William Paley）也许是最后一位用《圣经》来解释自然历史事实的重要人物。在《自然神学》（*Natural Theology*）（1802年）中，佩利将怀表机制比作生物世界中显而易见的设计，他认为怀表错综复杂的内部结构不可能自发组合而成，相反（至少在佩利看来），只有用智能设计和辛勤的汗水才能制造出钟表。所以，钟表背后一定隐藏着表匠。同样，（佩利接着说）每个生物所展现的设计及其环环相扣、相互依存的内部结构也都暗示着造物者的存在。正如20世纪初的诗人乔伊斯·基尔默（Joyce Kilmer）所说，“只有上帝才能造树。”

当时，“神创论”观点成了公认的解释。人们认为，世上有众多不同的生物，是因为其生存环境多种多样；各种生物能很好地适应栖息环境，是因为造物主的设计恰到好处；而所有生物都通过某种相似性联系在一起，是因为上帝采用了一个蓝图，并从中衍生出不同的身体结构。后来的神创论者仍在采用佩利的“钟表理论”及达尔文之前的神创论观点。但到19世纪，最初那些靠推测得出结论、希望通过复杂理论来调和自然事实与古老《圣经》故事的自然学家迅速被一批全新的继任者取代，后者企图为上述三个问题寻求自然而非超自然的解释。在这批继任者中，查尔斯·罗伯特·达尔文（Charles Robert Darwin）无疑担任着领军人的角色，他奋斗许久，最终一举引领西方思想摆脱了对自然现象超自然解释的长期依赖。

查尔斯·达尔文、后代渐变和自然选择

达尔文的著作《物种起源》（*On the Origin of Species by Means of Natural Selection*）（1859年）有着划时代的意义，但作品的开头却非常平淡：他向读者讲述了自己养鸽子的经历。里面没有关于生命历史的宏大描述，没有记录丰富多样的化石，也没有展现野生环境中令人震惊的生物多样性。达尔文只讲了鸽子，他旨在告诉读者，生物学和古生

物学涉及的重大问题可以通过日常所见的过程来轻松解答。1831年，年轻的达尔文乘坐“小猎犬”号航船（H.M.S. Beagle），开始了为期五年的航行，他此行只带了一本书，就是查尔斯·莱尔（Charles Lyell）刚刚出版的《地质学原理》（*The Principles of Geology*）第一卷。莱尔最大的成就是让同行们相信，要想以合理的方式研究地球及其历史，首先要认识到一点：如今地球上发生的种种过程在过去同样存在。这也意味着我们可以利用从当今世界获取的知识来理解过去——这一说法最初源自苏格兰医生、实验农场主兼自然学家詹姆斯·赫顿（James Hutton）的《地球论》（*Theory of the Earth*），并在莱尔出现后得到了进一步发展。

当然，达尔文对其养鸽经历的叙述并非闲笔，而是在围绕生物多样性、生物设计及其相互关联这三大关键问题提出解决方案。因为他将生物之间的相互联系——即那种以层层递进、环环相扣的方式将所有生物联系在一起的神秘相似性模式——视为一条原始线索。人们逐渐意识到，地球的历史非常悠久（远超《圣经》计算出的6 000年历史），同样，生命的历史可能也很漫长。在达尔文提出自己的理论之前，人们也得出了大致相同的结论，这种结论不仅存在于达尔文所处的时代，甚至可以追溯到西方思想的起源期。人们意识到，（达尔文所说的）“后代渐变”过程会自然而然地产生林奈所关注的嵌套相似性模式。如果随着时间的推移，一个世系可以分裂许多不同的世系，那么随着历史的发展，若某个世系出现了新的特征，那么只有该世系的后代才会继承这些特征，而其他世系则不会继承。随着时间的推移，新特征逐步累积，所以两个世系共享相同祖先的时间越近，其共同特征就越多。该理论从自然角度合理地解释了为何狗与猫的相似度要比狗与鹿的相似度更高，又为何与鸟类相比，狗、猫和鹿之间的亲缘关系更近（或分化时间更晚）（图18）。

但该过程究竟如何进行呢？对此，达尔文的答案是：自然选择。正是他的答案让当时的学术界相信，生命确实经历了漫长的进化史，与此同时，也为自然界中那些看似经过精心设计的现象提供了一个与佩利的“造物主论”相对立的自然主义解释。说到这，就不得不再次提起达尔文的鸽子。

至少在过去一万年里，育种者已经意识到，人们可以通过有效的方法来

图18

湖栖广翅鲎（*EURYPTERUS LACUSTRIS*）

志留纪（距今约4.15亿年）。纽约州布法罗（Buffalo, New York）。

一种广翅鲎，也叫水蝎，与鲎有一定的亲缘关系；雌性标本的腹面（底部）图。

该化石上的解剖结构与鲎和蜘蛛类似，说明它们都源自共同的祖先。

提高生物的某些性状。比如，人们可以让羊羔的产毛量更多、产毛速度更快，让奶牛的产奶量增加，甚至可以在很大程度上改良农作物，甚至像芽甘蓝、羽衣甘蓝、卷心菜、西兰花和花椰菜这样的蔬菜，实际上都是源于同一祖先“野甘蓝”（即“甘蓝”，学名 *Brassica oleracea*）的不同谱系。这个培育过程就是人工选择，只需从某一代中选出那些最能体现理想性状的少数个体，让它们繁殖，以便将这些性状传递给下一代。这所需的就是一副好眼神、辛勤的劳动和足够的耐心。

达尔文从自己的育种经验中进一步认识到，生物存在变异。比如，同一窝小狗也没有长得一模一样的。他还发现，选择作用只有在性状可遗传的情况下才会奏效。比如，有些奶牛产奶量较高，其后代也确实会表现出相同的特征。需要注意的是，达尔文对遗传机制的理解有误。但不管遗传背后是何种机制，他提出的选择理论只关注生物出现的可遗传变异，其理论依然是成立的。

人工选择不过是佩利“钟表理论”的变体：人类的选择性育种可以提高牛的产奶量，或者从野牛中培育出家牛。那么，自然界是否存在与这种明显的人类活动相似的过程呢？在达尔文看来，答案是肯定的，博物学家阿尔弗雷德·拉塞尔·华莱士（Alfred Russel Wallace）等人也持有相同的观点——后者是在马来群岛感染疟疾时，于睡梦中得到的启示。达尔文和华莱士意识到，野生的自然种群也存在变异。他们还提出了一个合乎逻辑的假设，认为野生环境中的变异和人工驯化过程一样，都具有遗传性，不过他们没有机会验证这一假设。

但在自然界，是什么充当了“育种者”的角色呢？对此，托马斯·马尔萨斯（Thomas Malthus）牧师给出了答案，他在 1798 年发表的《人口论》（*An Essay on the Principle of Population*）中指出，资源的限制会反过来限制人口数量。若人口过度增长，食物供不应求，饥荒、疾病和死亡就会接踵而至。达尔文从马尔萨斯的观点中得出了更为普适的结论。如果不对种群个体数加以控制，即使是大象这种繁殖缓慢的动物，数量也会呈指数增长。达尔文假设，一对大象以每 10 年生一头小象的速度持续繁殖 60 年，那么在短短 750 年内，第一对大象的后代将接近 1 900 万头。但很显然，整个世界并没有完全被大象占满，肯定有某些因素限制了其数量的增长。达尔文指出，这些因素包括被其他动物猎食、感染上疾病和其他环境危险，但最重要的是适宜食物的匮乏（见第 25 页图 19）。

最后，是马尔萨斯让达尔文找到了最后一块拼图：在野生环境下，并非每一代个体繁殖出的所有后代都能生存繁衍。通常情况下，最能满足迫切的生存需求、最擅长谋生和繁殖的生物会比那些适应性较差的个体活得更久、繁衍

图19

施巴德垂吻象（*RHYNCHOTHERIUM SHEPARDI*），乳齿象的近亲。

上新世后期（距今约300万年）。美国加利福尼亚州伊甸山（Mt. Eden，California）。

虽然象类在化石记录中很常见，但没有任何一个象类物种曾在地球上占据主导地位！

得更快。其后代也往往会继承父母的优良性状。虽然在环境条件保持稳定的情况下，生物种群能够基本维持原状，但达尔文却在作品中给读者留下一个问题：若环境条件改变，物种将出现怎样的变化？即使在19世纪中期，人们也普遍明白，随着地质年代的推移，环境变化不可避免；气候会变暖或变冷，曾经的森林也会变成汪洋大海（为当时的工业革命提供燃料的煤矿资源就是这样形成的）。

达尔文的答案是：随着环境的变化，“天平”将倾向于那些原本在旧环境中不占优势，却在新环境中适应得更好的变种。在新环境下，生存游戏重新开始，自然选择开始偏向其他变种，随着生物的世代繁衍，物种的整体面貌都会发生变化。没错！这就是自然选择，和人类进行的人工选择类似。

在自然选择的基础上，达尔文进一步解释了自然界中的设计：在经历过世代繁衍以后，生物的特征要么逐步适应变化后的环境，要么与其主动选择的新环境相适应（见第27页图20）。为了适应环境条件，生物的结构会发生变化，这就是适应过程。自然选择将会引导生物结构的变化，让在漫长的进化过程中形成一系列相似的特征，将所有生物联系在一起。对于神创论者提出的三条解释，达尔文只保留了一条：世上之所以有种类繁多的生物，确实是因为自然界存在多种谋生方式。但是，生物之所以呈现特定的形态，扮演着不同的角色（用现在的话讲，就是填补了各种生态位），并不是因为造物主的智慧，而是自然选择的结果。

达尔文将生命的历史描绘成生物与环境之间缓慢、稳定、逐步变化甚至是渐进式的舞蹈。进化是生物对环境变化做出的反应。生物个体不会改变；但在世代繁衍的过程中，自然选择会让那些在当前环境下最有利于生存的性状在生物身上频繁出现。要研究生物的进化过程，就要先研究生物的物理特征，并研究这些特征的用途、其对生物生存的影响及其在环境发生变化后为适应新的用途而发生的改变甚至被淘汰的过程。生物结构的设计及其多样性都源于生物的求生倾向，及其充分利用当前条件和资源的自然欲望。

人工选择在几代之内就能产生显著效果，但这种选择总会受到一定的限制：它受制于每一代中可用于繁殖的变体，也受限于育种者的寿命，而从根本上讲，它还受制于人类进行选择性育种的时间——迄今为止，人工育种的历史还不到一万年（虽然基因工程可以大大加快这一进程）。这不禁令达尔文沉思：若是将时间拉长到10亿年，又会出现什么呢！当然是种类繁多、数不胜数的生物——在过去的大约40亿年里，地球上出现了将近100个主要类群（门）。

达尔文提出的选择机制是一项真正的发现。自然选择是不可避免的自然

图20

伊迪卡拉系“蕨类”

前寒武纪后期（距今约6.3亿年）。

澳大利亚南部伊迪卡拉山（Ediacara Hills）。

这种蕨状生物展现出了从食腐转向捕食的重大进化转折点。

法则。它体现了相对生存优势对繁殖优势的影响。利用选择来模拟生命历史的模式，同时解释生物具有多样性的原因，这种方法非常有效，可以称之为“一阶近似”。达尔文简单地将生物历史描绘成随着时间推移，认为生物通过渐变来应对环境变化的过程，但从后续章节可知，真正的生命历史要比达尔文的描述复杂得多。当然，适应是进化过程的核心。无论我们以哪种生物——当然也包括化石中大量已灭绝的生物——为研究对象，都逃不过适应这一主题。

趋同进化：适应过程的真实体现

化石就是记录过往进化“实验”的实验室，进化的结果就封存在岩石之中。古生物学家研究化石，就是为了解读生物进化史。但在此基础上，我们还要进一步揭示进化过程的本质。

趋同现象最为直观地展现了适应在进化史中的重要性：来自不同进化谱系的生物可能会展现出显著的相似性，而它们的祖先可能截然不同，生存的年代相隔数百万年，所在的地理位置也不尽相同。鸟类、蝙蝠和中生代翼龙的翅膀就是典例。鸟类、蝙蝠和翼龙分别由不同的四足地栖动物进化而来：鸟类的祖先是恐龙，翼龙由其他爬行动物进化而来，蝙蝠则和狗鲸、牛及某些食虫动物一样，由原始哺乳群体进化而来（见第 29 页图 21、图 22 和第 31 页图 23）。

我的第一篇科学论文讨论的就是趋同现象。作为一名学生，我分到的任务是理清宾夕法尼亚纪两种螺类的早期进化史，这两个物种非常相似，几乎没人愿意，甚至没人能够对其加以区分。但对内行人来说，二者各自的进化史所留下的痕迹显而易见。它们属于同一个原始的类，即“翁戎螺”类，该类别在古生代包含多种不同的生物，且数目庞

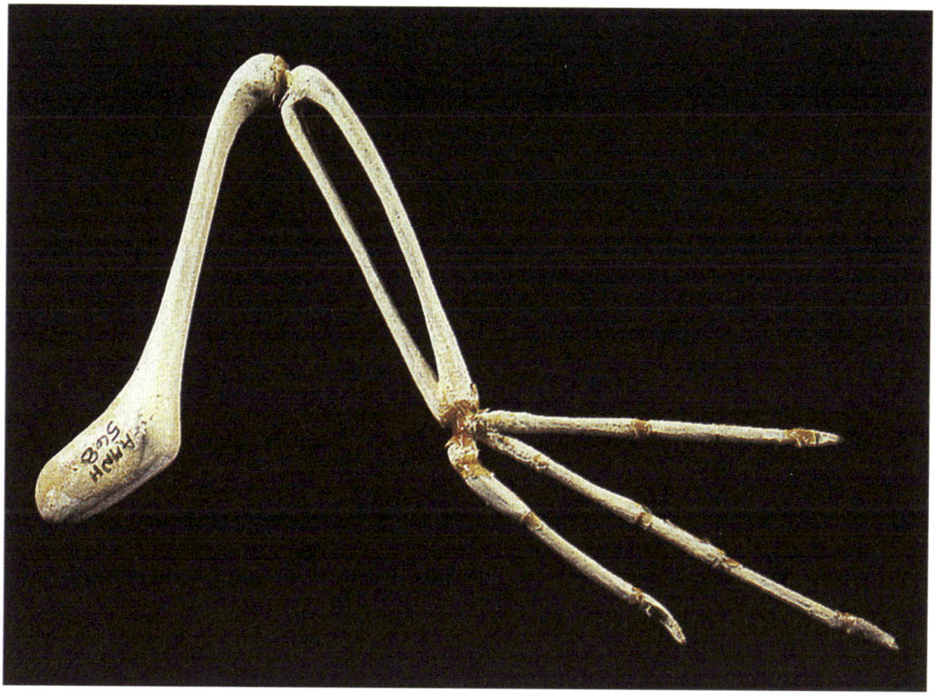

图22

现代鸟类的翅膀骨架。

尽管蝙蝠（见第31页图23和第191页图127）、鸟类和翼龙翅膀的整体设计和功能相似，但三者的骨架结构却截然不同。

图21

罗氏始雨燕（*EOCYPSELUS ROWEI*），雨燕和蜂鸟的近亲。

始新世早期（距今约5 200万年）。怀俄明州绿河组化石湖。

古生物学家认为，这种保存完好的鸟类化石可能源自与雨燕和蜂鸟相同的谱系。然而罗氏始雨燕既不能像蜂鸟那样盘旋，也不能像雨燕那样俯冲、飞扑——这些技能都是酷似罗氏始雨燕的后代生物发展出的适应性创新。

来源：兰斯·格兰德菲尔德自然史博物馆。

图23

明氏喙嘴翼龙（*RHAMPHO-RHYNCHUS MUENSTERI*），一种翼龙，或者说是会飞的爬行动物。

侏罗纪后期（距今约1.5亿年）。索尔恩霍芬石灰岩（Solnhofen Limestone），德国巴伐利亚。

这只翼龙翅膀的骨架保存得相当完好。

图24

板状沃氏螺（*WORTHENIA TABULATA*），一种腹足纲软体动物，即螺类。

后石炭纪后期（距今约2.95亿年）。得克萨斯州杰克斯伯勒（Jacksboro）。

该物种常见于美国东部、中部和西南部——后石炭纪（即宾夕法尼亚纪）的海水淹没内陆，并在这些地区的沉积物中留下痕迹。

图25

韦氏亚拿尼亚螺（*ANANIAS WELLERI*），一种腹足纲软体动物，即螺类。

后石炭纪后期（距今约2.95亿年）。得克萨斯州冈萨特（Gunsight）。

该物种与板状沃氏螺（图24）只有每条螺旋外缘的窄缝略有不同。两者共同体现了所谓的趋同进化。

大。有几种翁戎螺甚至繁衍至今，其中包括生活在深海、长有细长裂缝的翁戎螺以及生活在潮间带多岩浅滩的鲍鱼。其硬壳上的缝隙相当于“排污通道”，用于排泄鳃部过滤出的废物和废水。但在螺类生长过程中，造壳物质会逐渐填充壳口。我研究的两种螺分别叫板状沃氏螺（*Worthenia tabulata*）（见第32页图24）和韦氏亚拿尼亚螺（*Ananias welleri*）（见第33页图25），二者窄缝填充物的设计略有不同，这也是唯一能证明其进化过程有所差异的证据。除此之外，这两种经常共同出现在岩石中的物种几乎一模一样。

板状沃氏螺和韦氏亚拿尼亚螺都至少有1 000万年的历史。二者惊人的相似性也绝非偶然：随着时间的推移，其中一种会略有变化，变得更高、更窄，另一种也是如此。后来，两种螺又同时恢复了原先那种更矮更宽的形态。其中一种螺似乎在追随另一种的进化脚步——但究竟是谁在追随谁，却已无从考证。

趋同现象表明，随着时间的推移，生物的形状和大小会在进化过程中受到某些设计限制。要想让生物实现某种功能，其结构通常只有几种，甚至一种最佳设计方式。有些限制是纯粹的机械性限制，甚至是简单的数学限制。例如，当相同的物体或细胞紧密排列于同一平面时，若各个物体或细胞都是六边形，就能实现最佳排列方式，达到最高的空间利用率。因此，很多群居无脊椎动物都有六边形结构壁，如珊瑚和海绵。甲壳类动物和昆虫的复眼通常也包含六边形，蜂巢的巢室也是如此，虽然蜂巢本身不是生物，却是由蜜蜂这种生物搭建的结构。

最令人惊叹的趋同现象发生在多门生物之间，时间跨度长达数亿年。而我最感兴趣的是珊瑚礁中出现的趋同进化现象，在其作用下，截然不同的无脊椎动物在整个生命周期中不断改变，形态逐渐接近，以发挥类似的作用。海绵和珊瑚分别是多孔动物门和刺胞动物门的主要代表，二者截然不同，自5亿年前起，它们就是珊瑚礁的组成成分（见第35页图26）。尽管随着时间的推移，构建珊瑚礁或栖息在其缝隙中的生物群体发生了很大变化，但典型的珊瑚礁生态位始终存在——也就是说，不同的生物在不同的地球历史时期扮演着相似的角色。

如今的珊瑚多为群居生物，但从古老地质年代至今，也有多种珊瑚过着独居的生活。单生珊瑚通常是碳酸钙构成的锥形壳体（也就是像花萼一样的“杯状结构”）。古生代的角珊瑚应该是其中最有名的一种。中生代和新生代的锥形珊瑚并不是角珊瑚的后代，相反它们是在角珊瑚灭绝以后通过独立且趋同的方式进化而来（见第37页图27）。

角珊瑚和锥形珊瑚彼此独立，却都通过简单的锥形结构来满足独居生

图26

六射珊瑚（*HEXAGONARIA PERCARINATA*），一种群生皱纹珊瑚，也叫六角珊瑚。

泥盆纪中期（距今约3.8亿年）。纽约州。

珊瑚（无论是现存的，还是已灭绝的）多为群居生物，多个个体相互连接在一起。

活的需求，这种现象很有趣，但并不稀奇。毕竟它们都是珊瑚，是结构简单、直接用触手从海水中吸取养分的生物。不难想象，在同一大类中，亲缘关系较远的分支也会反复进化出相同的形态。但锥形生物之所以会变成趋同进化的重要案例，是因为其他无脊椎生物也进化出了相似的结构，它们和珊瑚一样附着（或扎根）在海底，并从海水中吸取养分。例如，海绵也有进化成圆锥结构的倾向。更令人惊叹的是，腕足动物和软体动物这两种复杂且先进的多细胞动物也会进化出和珊瑚类似的外观。

腕足动物是古生代常见的“贝类”，看起来有点像蛤蜊（它们都有两片壳，也叫“壳瓣”），但与蛤蜊不同的是，腕足动物并非软体动物。它们附着在海底，用长长的羽状触手组成的系统来过滤养分，而蛤蜊用的却是鳃。不过，二者的生活方式非常接近。

二叠纪（古生代最后一个纪）形成的大片珊瑚礁中生活着无数腕足动物。有些腕足动物（如李希霍芬贝，即Richthofenids）下部的壳瓣变成了长长的锥形，上部则缩成小小的瓣状结构，像是一个起保护作用的盖子，显然与珊瑚类似，它们通过这种方式来适应珊瑚礁的环境（图 28）。大约 1.5 亿年后，同样的现象再次出现，但这次是蛤蜊趋同于珊瑚（图 29）。经过古生代末期的生物大灭绝后，腕足动物急剧减少，于

图27

多育内沟珊瑚（*ZAPHRENTIS PROLIFICA*），一种皱纹珊瑚。

泥盆纪中期（距今约3.85亿年）。肯塔基州俄亥俄河瀑布（Falls of the Ohio River，Kentucky）。

某些皱纹珊瑚（牛角珊瑚）属于单生珊瑚，形状与很多毫无亲缘关系的类群相似。

图28

二叠纪角珊瑚（*PRORICHTHOFENIA PERMIANA*），一种稀有腕足动物。

二叠纪后期（距今约2.55亿年）。得克萨斯州玻璃山（Glass Mountains）。

这种生活在珊瑚礁中腕足动物乍一看很像皱纹珊瑚。

图29

大口马尾蛤（*HIPPURITES RADIOSUS*），一种蛤蜊。

白垩纪后期（距今约7 000万年）。法国多尔多涅河谷县（Dordogne）。

这种蛤蜊也生活在珊瑚礁中，看起来也很像珊瑚。

图27

图28

图29

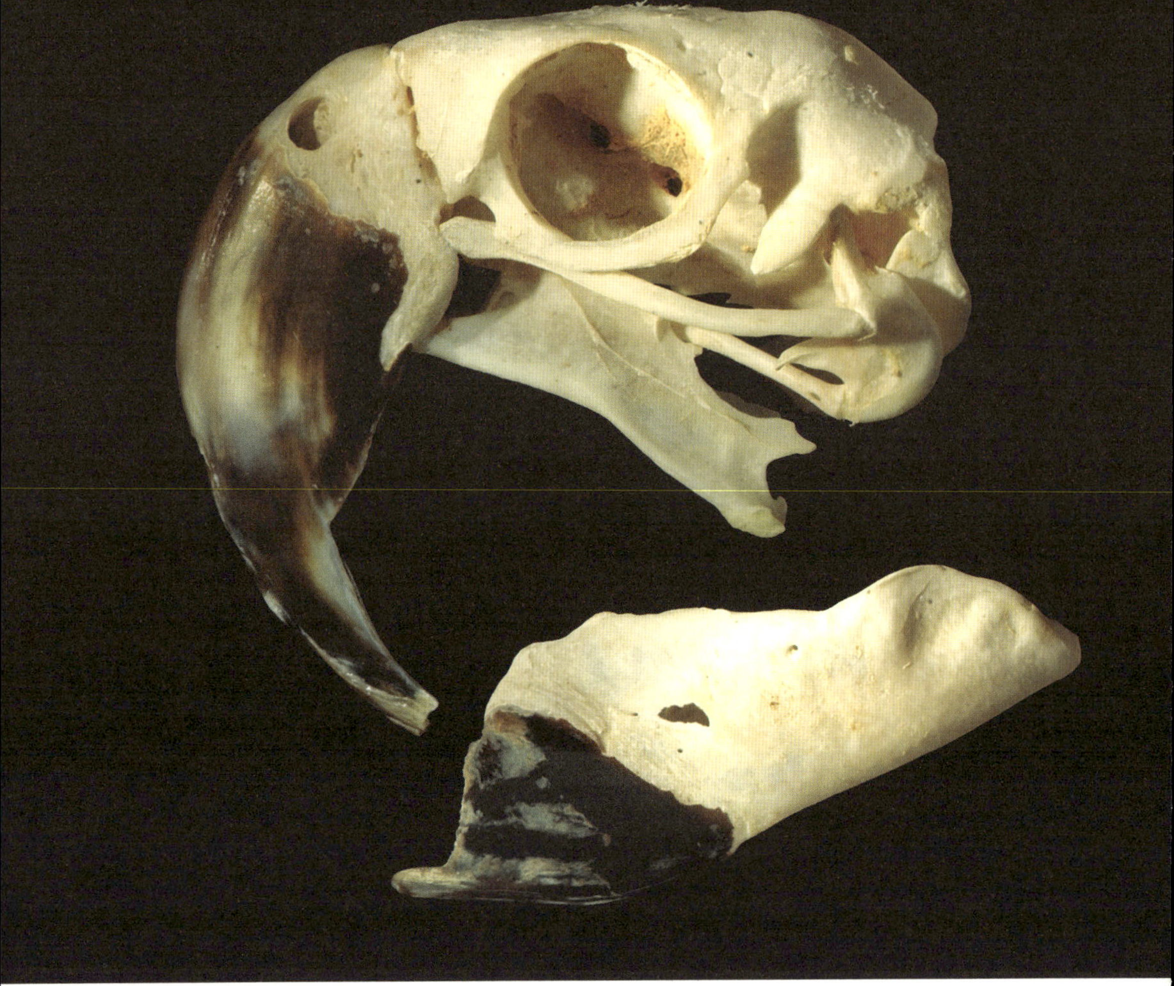

图30

戈壁鹦鹉嘴龙（*PSITTACO-SAURUS GOBIENSIS*）头骨和现存金刚鹦鹉的头骨对比。

白垩纪早期（距今约1.1亿年）。内蒙古戈壁沙漠苏红图组。

进化适应就是生物在自然界的作用下，为执行特定功能而改变身体结构的过程。不仅鸟类和爬行动物有着与鹦鹉类似的颌部，鱼类及其他类群也有（见第230页图155）。

来源：保罗·塞拉诺（Paul Serano）芝加哥大学（University of Chicago）。

图31

桑氏远洋鸟（*PELAGORNIS SANDERSI*，一种已灭绝的水鸟）头骨四视图（四张照片分别展示了头骨上方、下方、左侧和右侧的形态）。

北卡罗来纳州查尔斯顿国际机场遗址（Site of the Charleston International Airport）。

桑氏伪齿鸟是目前发现的体形最大的飞鸟，翼展超过20英尺（约为6米），约为现存最大飞鸟——漂泊信天翁（*Diomedea exulans*）的两倍。

来源：丹尼尔·T·克塞普卡（Daniel T. Ksepka）国家演化合成中心（National Evolutionary Synthesis Center）。

是到了中生代，蛤蜊开始在双壳动物中占据主导地位。因此，到了白垩纪，珊瑚礁中又出现了固着蛤。有些蛤蜊长达几英尺（1 英尺约等于 0.3 米），的确算是“巨蛤”了。而它们下部的壳瓣也变成了长长的锥形，上部则变成一个保护盖——这是软体动物采用新形态、适应新生活（即珊瑚礁生活）的例子，而自复杂生命诞生以来，珊瑚和海绵已用这种形态和方式生活了近 6 亿年。

我们可以通过这种趋同现象来了解适应过程：在珊瑚礁中，滤食性贝类的生存方式有限，所以不同的生物类群会一次次进化出类似的形态。但在自然选择的作用下，为了适应生存环境，不同的生物群体会呈现极其相似的外观，这也是自古以来，生物始终呈现形态多样性的根本原因（见第38页图30）。自达尔文以来，适应这一概念始终是进化论的核心，也就是说，生物通常可以很好地适应环境需求。自然选择会在生物世代繁衍的过程中改变其性状，使其更好地适应环境，并在面临不可避免的环境变化时获得更多生存机会。如今，适应和自然选择仍然是进化思想的核心，与达尔文时代并无分别。虽然特定的生活方式只能通过有限的途径来实现，但生活方式却有很多种，也就是说，自然环境这块蛋糕有多种瓜分方式。由自然选择驱动的适应过程从概括性的角度解释了多样性产生的方式和原因。这是了解生命史的第一座，也是最重要的一座里程碑。

扩展适应（Exaptation）：适应概念的完善

翼龙、鸟类和蝙蝠的翅膀都是独立进化而来的，其进化方式各有不同，但都是为了适应飞行的需求。三者的翅膀都由四足陆生动物的前肢演化而来，但原本用来行走的前肢本身也是生物为适应环境而进化出的结构。从某种意义上讲，进化就是将原来的适应性特征（即在自然选择的作用下进化出的具有特定功能的身体结构和行为）改造成新的结构和功能，以达到不同的生存目的。古生物学家伊丽莎白·弗巴（Elisabeth Vrba）创造了“扩展适应”这一概念（史蒂芬·杰伊·古尔德也参与其中，但此概念最初由弗巴提出），以此来描述适应性结构用于其他用途的现象（见第40页图31）。

弗巴最开始举了一个简单而优雅的例子：和所有鹭科动物一样，非洲黑鹭也用普通的鹭类翅膀飞行。但与同类动物相比，黑鹭进化出了一种独特的行为：它们会把翅膀折成伞状，并在水面投下一圈阴影。在非洲明亮的白昼中，这片黑暗格外引人注目。黑鹭注视着翅膀下的水面，锐利的喙随时准备捕捉被这片阴影吸引而来的鱼群。翅膀成了黑鹭为捕食而设下的陷阱，用来飞翔的适应性结构也暂时成了捕食器官。

近几年人们发现，很多恐龙身上都长有羽毛，其中也包括强大的暴龙，但弗巴的“扩展适应”理论让这一发现略显平常。羽毛本是体温调节器官，能够帮助活跃的捕食者保持所需的体温。有羽毛的动物不一定会飞，但事实证明，羽毛也是飞行器官的前身：鸟就是有羽毛的恐龙，它们最开始可能只会滑翔，后来却通过一系列中间步骤进化出飞行能力。最后，其前肢不再适合爬行，而是演变成了翅膀。羽毛则仍是体温调节器官，同时又成为鸟类飞行不可或缺的结构。

换句话说，万物皆有其源。

第三章

物种起源

图32

米勒镜眼虫（*PHACOPS MILLERI*），一种三叶虫。

泥盆纪中期（距今约3.8亿年）。俄亥俄州西尔韦尼亚（Sylvania）硅页岩。

米勒镜眼虫是蛙形镜眼虫谱系中最古老的物种之一。在保存完好成虫标本中，它的每只复眼包含18列垂直排列的透镜（每一列都按照由腹部到背部的方向延伸），图中的米勒镜眼虫（以及典型的泥盆纪中期腕足动物尖翼石燕）都是这种排列的典型例子。正是通过仔细研究此类三叶虫的眼睛及其透镜数的时空分布变化，笔者才提出了“间断平衡”概念。

来源：G.罗伯特·阿德灵顿（G. Robert Adlington）/奈尔斯·埃尔德雷奇。

请想象自己正要踏上一场收集化石样本的探险之旅，此次的目标是记录生物在地质年代变迁过程中的进化史。在此之前，你已经做足了功课：你选择了一种理想的研究对象作为自己的收集目标。该物种至少有600万年的历史，而且相当常见，足迹覆盖半个大陆，出现在多种环境当中。其标本很容易找到，而且大多保存得相当完好。最重要的是，其化石呈现出了复杂且清晰的解剖特征，如此一来，在通过化石追溯该物种的共同历史时，你就更容易发现其在进化过程中出现的变化。你找到了理想的研究样本，整个进化实验已经完成，结果就封存在岩石之中，接下来，你只需用锤子和凿子将其发掘出来，然后开展实验室分析，最后对实验结果展开深入思考（图33）。

《物种起源》问世至今，已经过了160多年的时间。达尔文认为，在多数情况下，进化是生物随着时间推移，平缓、稳定且渐进变化的过程，但他也在书中表示，化石记录尚未完全证实这一

图33

等尾三叶虫（*HOMOTELUS BROMIDENSIS*）

奥陶纪中期（距今约4.7亿年）。美国俄克拉荷马州克里内尔山（Criner Hills）。

上图为包含多个等尾三叶虫标本的石板。

这种富含化石的石板让古生物学家有机会对灭绝物种的变异和进化开展研究。

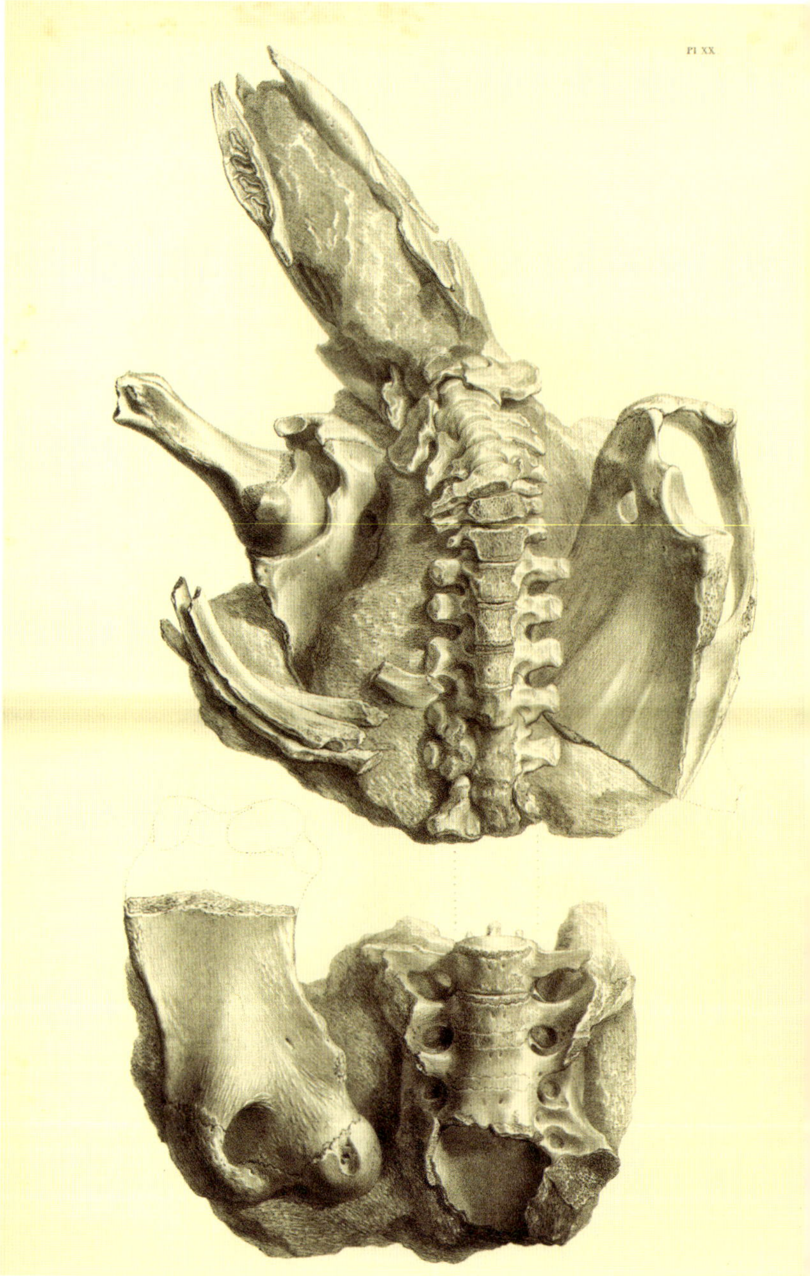

图34

已灭绝的磨齿兽（MYLODON）化石平板印刷画

摘自《“小猎犬”号之旅的动物学》（*THE ZOOLOGY OF THE VOYAGE OF HMS BEAGLE*）第一部分《哺乳动物化石》（*FOSSIL MAMMALIA*），作者理查德·欧文（RICHARD OWEN），1840年。

在“小猎犬”号航行之旅开始的头几年，达尔文在阿根廷和乌拉圭的多个地区收集了灭绝哺乳动物的化石。

观点，他对此表示担忧。在达尔文看来，化石记录之所以没能展现所谓的“难以察觉的渐变过程”，是因为古生物学仍处于起步阶段。在19世纪中期，挖掘化石的地区少之又少。他还指出，化石的形成具有很强的不确定性，也正因如此，我们可能永远无法找到达尔文进化理论所预见甚至要求的那种进化序列（见第47页图34）。

达尔文明白，很多历经漫长岁月变成化石的沉积物并没有保存下来，因而在时间上出现了大段空白。他也知道，大多数生物在死亡后不会留下任何痕迹，只有极少数生物能逃过彻底分解或溶解的宿命，并将最坚硬的部分留在淤泥、沙粒和石灰层中，最终形成沉积岩，留下它们曾经存在过的证明（见第49页图35）。除此之外，它们还要经历强烈的地质变化，整条山脉可能会被侵蚀成低矮的残块，山岩中的所有成分都要被摧毁，经此一劫后，留存的化石更是少之又少。而在变质作用下，沉积物又会被挤压、烘烤，其中的化石也就荡然无存。当然，就算它们能幸免于难，也极有可能永远埋藏在数千英尺（1英尺约等于0.3米）的岩层之下，永远不被人类发现。即使暴露在地表，也不太可能在历经几季风霜、彻底分崩离析之前被内行人发现，并带回实验室仔细研究。

在《物种起源》创作期间，并没有令人信服的证据能够证实所谓的渐进式变化过程，但达尔文认为，自己已经说明了其中缘由。与此同时，他还预言，其理论能否得到验证，最终将取决于人们能否从化石中找到有力的证据，证明物种在进化过程中经历了缓慢、稳定且渐进的变化。

而如今，我们已经进入21世纪，是时候再次面对达尔文对古生物学发起的挑战了：我们要在化石记录中找到物种进化的证据，找到物种随时间推移而出现的不可避免、不可阻挡的适应性变化。这就是你决心完成的任务——你要利用如今的尖端科技、丰富的地质学知识和先进的实验室分析技术来寻找物种进化的痕迹，有了科学的辅助，这项研究会比达尔文时代容易得多。于是，你花了几年时间，在美国东部和中部各地收集某种三叶虫化石。你在东部淤泥遍布的海岸认真采样，也在中西部的石灰岩和石灰泥中留下了足迹。

在泥盆纪时期，赤道刚好穿过北美洲（见第50页图36），你会在小型珊瑚礁化石内部或是周围发现三叶虫的遗骸。泥盆纪的热带海洋生物格外丰富，除了你痴迷的三叶虫外，还有千百种无脊椎动物，如腕足动物、蛤蜊、蜗牛、鹦鹉螺以及菊石、珊瑚、苔藓虫和甲壳动物等。很多生物都在泥浆中留下了坚硬的外壳。和其他地区一样，北美洲的泥盆纪中期岩石往往保存着丰富的化石资源，其中的化石含量甚至比黏合岩石的泥浆和淤泥还要多。这些动物经历了海平面的波动和海底环境的变化，在海

图35

马蹄贝属（*HIPPARIONYX PROXIMUS*），腕足动物壳瓣的模铸化石。

泥盆纪早期（距今约3.9亿年），纽约诺克斯（Knox）。

在这一标本中，贝壳的钙质部分已被分解，只留下硬化的泥土印痕，显示了其内部结构。尽管如此，该标本仍包含丰富的解剖细节。

图36

加拿大沟鳞鱼（*BOTHRIOLEPIS CANADENSIS*），一种原始无颌鱼。

泥盆纪后期（距今约3.5亿年）。加拿大加斯佩半岛（Gaspé Peninsula）。

这种已灭绝的鱼类曾在北美上泥盆纪的浅海中大量繁殖，进化关系尚不明确（见第193页图128）。

图37

某三叶虫，与美洲米勒镜眼虫和蛙形镜眼虫密切相关。

泥盆纪中期（距今约3.85亿年）。
摩洛哥（Morocco）。

来自北非和德国的三叶虫标本与年代稍晚的北美蛙形镜眼虫标本几乎一模一样。

图38

某三叶虫，图37标本的侧后视图

约3.8亿年前，欧洲和非洲大陆与北美东部相撞。很多物种（如本图中的三叶虫）在大陆相撞不久后进入北美内陆海。

洋中生存了约600万年之久。如此看来，证实达尔文的设想应该是小菜一碟。

可在回实验室分析之前，你就觉得自己收集到的三叶虫化石看起来都非常相似，于是内心无比失望（见第52页图37）。无论是密歇根的石灰岩采石场，还是宾夕法尼亚中部山峦的泥沙露头，你在各地收集到的三叶虫都没什么差别。你尽最大努力翻开了最深、最古老的岩层，与此同时，你也会采集形成时间最晚的岩石，力求找到三叶虫彻底灭绝以前留下的最后一点痕迹。你心里开始疑惑，因为最古老的化石和最年轻的样本之间隔了600万年之久，可它们看起来也没什么区别（见第53页图38）。这些高度相似的化石根本无法证明生物在进化过程中必然出现变化的假设。你觉得自己可能还不够了解化石，没能看到其中的差异，也无法察觉三叶虫在进化过程中出现的变化，若是经验更丰富些，也许一眼就能看出区别（图39）。也许等你回到实验室，用显微镜和计算机对所有标本进行分析测量后，就会发现那些肉眼捕捉不到的差异。也许吧。

图39

米勒镜眼虫，一种三叶虫。

泥盆纪中期（距今约3.8亿年）。俄亥俄州西尔韦尼亚。

该物种及其近亲粗结镜眼虫（*P. crassituberculata*）在美国中西部的清澈海域生存了数百万年，几乎未发生任何变化。

以上都是真实的故事，就发生在我身上。我之所以感到挫败，不只是因为无法证实之前的理论，还因为我有博士论文要写，所以要拿出积极的成果来证明我可以独立设计并开展科学研究。后来我才意识到，三叶虫没有发生变化这一惊人的发现其实说明了某些问题——某些关于进化过程的关键问题。最后，我终于在化石样本中发现了三叶虫的渐进式变化，可这种变化模式却出乎我的意料：我发现三叶虫没有随着时间的推移出现整体性的渐进式变化，相反，它们是从主要谱系中分离出一条细小的分支，形成新的物种，从而实现进化，而新物种也会和原始物种共存。

这就是"间断平衡"（punctuated equilibria）理论的主要内容，具体来讲，进化过程具有很强的保守性，几乎没有出现随着时间不断积累的变化，进化中的转变往往集中于分支出现的过程。在1972年发表的论文中，我和史蒂芬·杰伊·古尔德讨论了这些现象，首次提出"间断平衡"的概念，并将物种长期保持不变的状态称为"进化停滞"（见第56页图40）。事实证明，达尔文时代的古生物学家早已明白，一个物种只要出现在化石记录当中，那么它从出现到灭绝几乎都不会发生太大变化，这就展现着一种"进化停滞"。实际上，所有为《物种起源》写过书评的古生物学家都评论说，达尔文似乎忽略了化石记录所呈现的这一显而易见的事

图40

永恒花格原沫蝉（*ANTHOSCYTINA PERPETUA*），一对交配中的沫蝉。

侏罗纪中期（约1.65亿年前）。中国内蒙古道虎沟九龙山组。

化石记录中极少出现如此清晰的生物行为（无论是繁殖还是其他行为）。以这对标本为基础，古生物学家得出结论：在1.65亿年间，沫蝉的解剖结构和交配行为未发生任何改变。

来源：任东，首都师范大学。

间断平衡：渐进论的替代理论

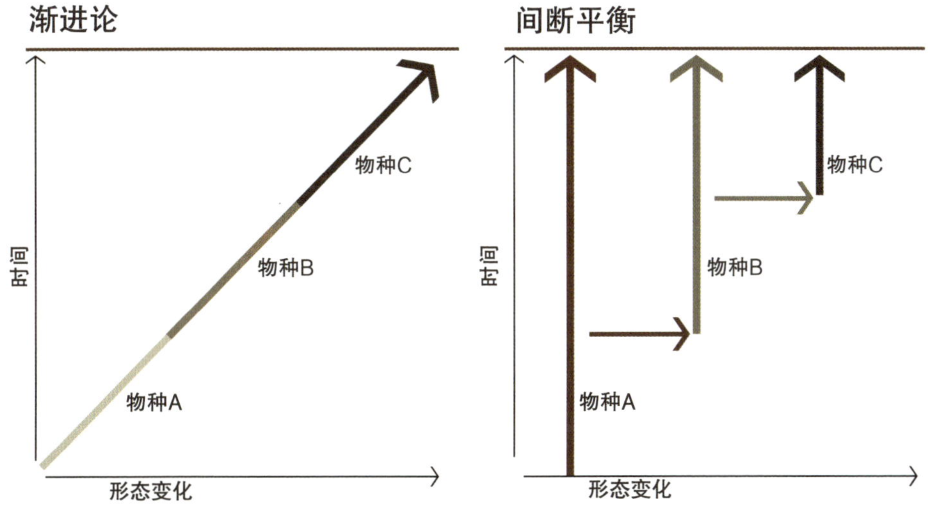

实。虽然达尔文在第六版《物种起源》中匆匆提及了物种的稳定性，但从根本上讲，他还是坚持认为进化是渐进式的变化。一个多世纪以来，停滞现象几乎被忽视。在达尔文及其后继者看来，这个难以面对的事实似乎对进化论本身造成了威胁。

渐进论与间断平衡

达尔文的进化论认为，进化是在很长一段时间内逐步进行的过程（渐进论），该理论与我提出的“间断平衡”之间的区别如上图所示。在渐进论中，物种 A 慢慢地改变自身并适应外界环境，直到进化成物种 B 为止，而物种 B 又重复这个过程，最后再进化成物种 C。此时，物种 A 和物种 B 已经消失，只存在于化石记录当中。而间断平衡理论则认为，一旦出现地理隔离，物种 A 就会迅速进化成物种 B，这通常是生物对环境变化做出的反应。在该模式下，物种 A 往往会与物种 B 共存。

此外，我觉得通过衍生分支来完成转变的模式更容易理解，也更好解释。在 20 世纪三四十年代，很多伟大的进化生物学研究都集中于物种形成问题，也就是新的“子物种”从原始物种分离出来的现象。进化生物学先驱恩斯特·迈尔（Ernst Mayr）在 1942 年指出，达尔文在《物种起源》中并没有讨论物种起源的问题，这一点颇具讽刺意味。迈尔与伟大的遗传学家费奥多西·多布然斯基（Theodosius Dobzhasky）认为，自然选择所引发的适应过程会产生一系列连续变化的生物形态，按照达尔文的话说，就是生物形态会随时间的推移出现“难以察觉的渐变”。但若观察现代生物便不难发现，

图41

蛙形镜眼虫（左侧两只）和艾阿华镜眼虫（*PHACOPS IOWENSIS*，右），包含三只三叶虫头部的石板铸件。

泥盆纪中期（距今约3.85亿年）。加拿大安大略省阿科纳（Arkona，Ontario）。

这两个物种很少同时出现。它们似乎在米勒镜眼虫灭绝后才进入阿科纳地区。

它们都是间断且离散的“组块”（即独立单元），不同“物种”群体之间几乎不存在过渡形式。

生物学家们还意识到，不同物种之间一般不会交配。多布然斯基和迈尔的伟大贡献在于，他们发现当某些生物不再与源自同一祖先的生物交配时，新物种便就此诞生。物种是可以相互配育的生物所组成的群体。新物种从原始物种分离出来以后，二者就会出现生殖隔离。达尔文阐明了适应产生物种多样性的过程，迈尔和多布然斯基则阐明了多样性并非以连续方式出现，而是以离散“物种”形式出现的原因。达尔文并没有深入讨论这一问题，他更倾向于认为，现存物种之间的差异只能说明，它们从一个共同祖先逐渐分化成不同物种之后，又经历了漫长的转变。而从化石记录来看，达尔文认为物种之间之所以存在所谓的突变，只是因为进化过程中的过渡形态没有在化石记录中留下痕迹。后文将会提到，物种是真正的实体，来自同一物种的生物可以交配繁殖，所有物种都有自己的起点、发展过程和终点（即灭绝），这一概念是理解进化过程诸多方面的关键，而这一切都要从间断平衡开始。

最近我才发现，达尔文20多岁时也看到了间断平衡的雏形。他认为，物种之所以在“厚厚的地层”（即漫长的地质时代）中保持不变，是因为其诞生于与世隔绝的环境（这种观点与多布然斯基和迈尔提出的地理性物种形成理论相契合，后者是“间断平衡”理论的关键）——换句话说，这就是我们提出的“停滞”概念。达尔文将这一观点与物种必然经历渐变过程的观点进行了对比，最后还是将后者作为自己赞同并推行的理论，不过，他并没有找到实证来证明这一理论。

达尔文认为，物种在孤立环境中诞生以后，自然选择会让规模较小的种群迅速出现适应性转变。他还认为，在地质年代推移、外界环境变化的过程中，自然选择会以连续且缓慢的方式逐步改变整个物种的面貌。达尔文无法调和这两种观点，所以他面临的问题是，哪种观点与自然选择驱动适应过程的观点最为吻合。最终，他选择了渐进论。

相比之下，间断平衡理论则直面停滞现象。大多数物种的发展历史都存在漫长的停滞期，这段时期构成了一种“平衡”状态。子物种从原来的母物种中分化出来，此时，“断点”就出现了，这个分化过程只需数千年即可完成，相比之下，停滞期持续时间更长，通常需要数百万年。然而，就算是持续几万年的过程也很难在化石记录中留下痕迹。如前所述，化石记录往往存在断层，即使是亲缘关系很近的物种也不例外，而间断平衡理论则从另一个角度解释了这种现象产生的原因：从母物种到子物种的过渡发生得太快，而且只在有限的范围内进行，所以几乎不可能在化石记录中留下痕迹（见第59页图41）。我们在化石记录中看到的往往是生存能力较强、存活时间较长、分布范围较广的物种——在绝大多数情况下，这些物种从出现到灭绝，几乎都在维持原状（图42）。所以，进化停滞就是化石断层最有力的解释，我们需要对此展开深入讨论，这样才能更好地理解生物如何在进化过程中发生转变（见第63页图43）。

进化停滞

人人都知道知更鸟和白头海雕长什么样。这两种动物在幼年期和成年期的样子有所不同，雌知更鸟和雄知更鸟也不太一样。但总体而言，在整个北美大陆，知更鸟和白头海雕都有各自统一

图42

欧洲田螺（*VIVIPARA CONTECTOIDES*），一种陆螺。

现代标本与更新世化石（距今约100万年）。巴哈马群岛（Bahama Islands）。

人们将现代欧洲田螺标本与更新世化石粘贴在一起，由图可见，该物种在上百万年的地质时间内几乎没有变化。

图43

异纹滑鳖（*APALONE HETEROGLYPTA*），一种软壳龟。

始新世早期（距今约5 000万年）。怀俄明州绿河组化石湖。

在化石记录中，乌龟首次出现于约2.2亿年前的三叠纪后期。从解剖结构来看，这些最古老的乌龟和上图中的始新世乌龟与如今的乌龟极为相似。

来源：兰斯·格兰德，菲尔德自然史博物馆。

图44

塞德福德尖翼石燕（*MUCRO-SPIRIFER THEDFORDENSIS*），一种腕足动物。

泥盆纪中期（距今约3.86亿年）。加拿大安大略省阿科纳。

该物种与东部海道中占主导地位且非常稳定的尖翼石燕略有不同。

的特征。全球各地的本土物种也是如此：除了鸟类，树木、爬虫、蠕虫、鱼类、灌木和哺乳动物也都不例外。

此外，我们人类也知道，世界上没有一模一样的人，就算是同卵双胞胎也不例外。每个人都是独一无二的。同样，如果我们细细观察知更鸟和白头海雕，以及大自然中的各个物种，就会发现那些乍一看没什么区别的同类生物之间其实也存在微妙的差异。毕竟变异是进化的基础，它和进化停滞一样，是自然界存在的客观规律。

不过，我们也可以去买一本鸟类图鉴，通过书中的图片来认识天空中的飞鸟。尽管物种内部存在变异，但变异程度往往有限，我们还是可以通过几张插图来确定生物的种类。同样，我们还可以编写几本古生物图鉴，向读者介绍数百万年前的动植物，这也是一项了不起的工作。纽约及附近地区的泥盆纪中期岩层下部发现了腕足类动物塞德福德尖翼石燕（*Mucrospirifer thedfordensis*）的化石（见第 65 页图 44），根据化石图片，我们可以从其他地区出土的化石中准确地找出同时期的尖翼石燕化石。与此同时，我们也可以用这张图片来鉴定几百万年后的尖翼石燕标本。实在太神奇了（见第 67 页图 45）。

物种内部自然发生的变异似乎与停滞现象有所冲突，因为停滞就意味着某一时间点发生的变异有时不会让整个物种出现渐进式的变化。但停滞不等于毫无变化，只是说物种内部的变异总会存在一定限制。有些物种比其他物种更容易变异（因此需要在图鉴中用更多图片加以描述）。化石样本也能体现物种的变异：就算两块化石来自同一片岩层（即生活在同一时期），也不可能一模一样。北美大陆不同地区的老鹰会存在一定的差异，同样，不同地区的化石也不尽相同。以我研究的三叶虫标本，即蛙形镜眼虫为例，相比于生活在东部污浊海域的种群，那些生活在纽约西部海域、体形相同的蛙形镜眼虫复眼透镜数更多。随着时间的推移，我分析过的那些蛙形镜眼虫的透镜数量似乎都在逐步增加。由此可见，生物存在时间变异和空间变异，而时间变异则会让物种随着时间的推移发生整体变化。这就是老生常谈的达尔文渐进论。

但很多时候，物种也会反向变异。如第二章所述，宾夕法尼亚纪的板状沃氏螺和韦氏亚拿尼亚螺都呈现了显著的趋同相似性，随着时间的推移，它们的形态都发生了变化。但它们的进化过程是曲折往复的，都没有彻底脱离最初的形态。这才是真正的进化停滞，也就是说，物种并非毫无变化，随着时间的推移，其变化也会不断累积，但它们总是会围绕某个初始状态来回摇摆。极少会有物种沿着某个明确的方向进行整体性的、彻底的改变；相反，在数百万年的时间里，一个物种会出现各种各样的变化，与此同时，新的物种也不断出现，

图45

尖翼石燕，一种腕足动物。

泥盆纪中期（距今约3.95亿年）。玻利维亚（Bolivia）。

尖翼石燕是典型的北美东部泥盆纪中期腕足动物，不同年代、不同地区的尖翼石燕形态差异很小，所以和如今的美国白头海雕一样好认。

来源：罗杰·韦勒（Roger Weller），科奇斯学院（Cochise College）。

其他物种则逐渐灭绝。显然，物种在进化过程中出现的重大变化与物种的形成和灭绝模式紧密相关，而物种一旦形成，就只能发生微小的改变，虽然会随着时间的推移逐步累积，但不会引起重大的变化。

然而，进化停滞这一客观事实真的彻底否定了达尔文的观点吗？未必。如果所谓的达尔文主义只是生物通过自然选择实现进化的观点，那么进化停滞也无法推翻这一论点。达尔文认为，自然选择会让生物随着环境的变化而不断变化。如前所述，自然界确实存在变异，而且毫无疑问，任何地区的环境条件都不免发生变化。长远来看，地球上的大陆会四处移动，时而变成干涸的高地，时而被浅海覆盖，冰川也会不时消长。从短期来看，前三年正常降雨，紧接着可能就是两年的干旱。而折中来看，在数千年（而非数百万年）的时光里，重大的气候变化时有发生，此时，气候变化可能会对生物进化产生关键影响。一万年前，下加利福尼亚（Baja California）还是一片翠绿，而那时的纽约和莫斯科则覆盖着数百英尺厚的冰层。

那么，我们为何没有找到更多例子来证明物种会随逐渐变化的环境而进行渐进式演化呢？为何我们都没找到证据来验证环境变化和生物进化之间的对应关系呢？回想起来，答案似乎很简单。达尔文主义的基本范式没有任何问题，相反，我们只是误判了环境变化对生物的影响。

众所周知，当冬天来临时，有些鸟类会向南方迁徙，有些哺乳动物会冬眠。而对人类来说，那些退休的老人和有钱人也会去温暖的地方过冬。而我们其余的人则有各种御寒方式，比如调高暖气温度。至于其他不冬眠的哺乳动物，其毛发就会长得更长、更密（也许还会变成白色，和积雪融为一体）。关键在于，生物总会通过各种方式调整生理机能，以适应周围的环境。

而这正是物理环境在较长时间（数千年）内发生的渐变。随着气候的变化，冰川逐渐南移，全球年平均气温开始下降，生物栖息地发生了根本性的改变和重组。低至零下的温度让耐寒性差的植物向南迁移。可植物如何南迁？显然，单株植物不可能站起来走路，但整个物种可以。作为植物的繁殖体，种子或孢子的传播范围很广，而那些碰巧向南传播的种子或孢子更容易生根发芽，存活下来，然后继续繁衍后代。同样，依靠这些植物为生的动物也会跟随植物迁移到新的栖息地。整体而言，生物应对环境变化的方式就是不断寻找合适的栖息地，寻找它们在进化过程中已经适应的环境条件。

从某种程度上讲，传统的达尔文学说假定生物始终停在原地，无奈接受并忍耐环境的变化；如果物种内部出现有利于生存的变异，那么经过世代繁衍，物种就会渐渐适应新环境。但实际上，在多数情况下，生物会主动寻找最适合自己的环境，若原本的栖息地不再具备其在进化过程中逐步适应的条件，生物也会主动离开。所以，这种生境追踪其实也是自然选择的体现！但在此情况下，能够生存和繁殖的生物往往是那些找到它们已经适应的熟悉生存环境的生物。自然选择倾向于维持现状。即使环境出现了深刻且长远的变化，只要生物能找到合适的栖息地，其所属物种也不会有太大变化。相反，若没有找到新的适宜的栖息地，物种就很可能灭绝，这比在新环境下通过逐渐改进而生存下来的可能性要大得多（见第 70 页图 46、图 47）。

生境追踪固然重要，但除此之外，我们还可以从另一个角度来探究进化停滞的原因。许多物种分布范围都很广，生活在同一区域的种群也要面对不同捕食者、食物来源、疾病和水源等。而在不同的生存条件下，各个种群适应环境的方式也略有不同。因此，无论环境是否发生重大变化，物种都很难沿某个特定进化方向进行整体改变。

进化演变与物种起源

在进化过程中，我研究的三叶虫——即泥盆纪中期的蛙形镜眼虫——确实出现了某些变化。尽管在 600 万年的生命历程中，其外形几乎没有改变，但其眼睛中的透镜数量却略有增加，说明物种在进化过程中确实会发生某种渐变。此外，蛙形镜眼虫还出现了其他变化，但这种变化极其微小，需要仔细观察才能发现。但无论如何，我们可以从中看出进化演变出现和积累的过程。

近缘物种的外观通常非常相似，但它们属于不同的物种，因为物种是可以相互配育的生物所组成的群体，而近缘物种之间不能交配繁殖，所以就算外观相似，也不能算作同一物种。但总体而言，近缘物种之间差别不大。我研究的三叶虫样本在透镜数量方面的差异很小，只有在实验室显微镜下才能显现出来，但无论如何，这种差异真实存在。间断平衡的进化模式毋庸置疑：生物的变化过程较快，但变化发生以后，它们会在接下来数百万年内进入停滞状态，直到下一次变化出现。

我研究的三叶虫拥有一种特殊的大型复眼：通常来讲，昆虫的眼睛由千百个小透镜组成，上面覆盖着一层“角膜”，但蛙形镜眼虫（三叶虫纲下的一目）最多有 130 个透镜，每个透镜都有单独的角膜，而且体积很大，肉眼就能看见。虽然这些三叶虫约 4 亿年前就死了，但其透镜的数量却很好数。另外，三叶虫在生长过程中会蜕壳，所以每副脱落的外骨骼都有可能成为化石，我们也能因此观察到幼年三叶虫的形态，实在可喜可贺。

事实证明，随着三叶虫的身体不断长大，它的复眼也越来越大，透镜数自然也随之增加。但这种变化遵循一定

图46

四棱爱科螺（*ECPHORA QUADRICOSTATA*），一种腹足软体动物（或螺类）

中新世后期（距今约800万年）。美国马里兰州圣玛丽河（St. Mary's River，Maryland）。

该物种是第一个出现在科学文献中的北美物种，因找不到合适的栖息地而灭绝。

图47

弗氏巴博剑齿虎（*BARBOUROFEILS FRICKI*），一种"古猫科动物"，与现在的猫关系密切。

中新世后期（距今约600万年）。美国内布拉斯加州（Nebraska）。

具有特殊适应性结构（如上图剑齿虎那夸张的犬齿）的生物比结构更加泛化的近缘物种更容易灭绝。

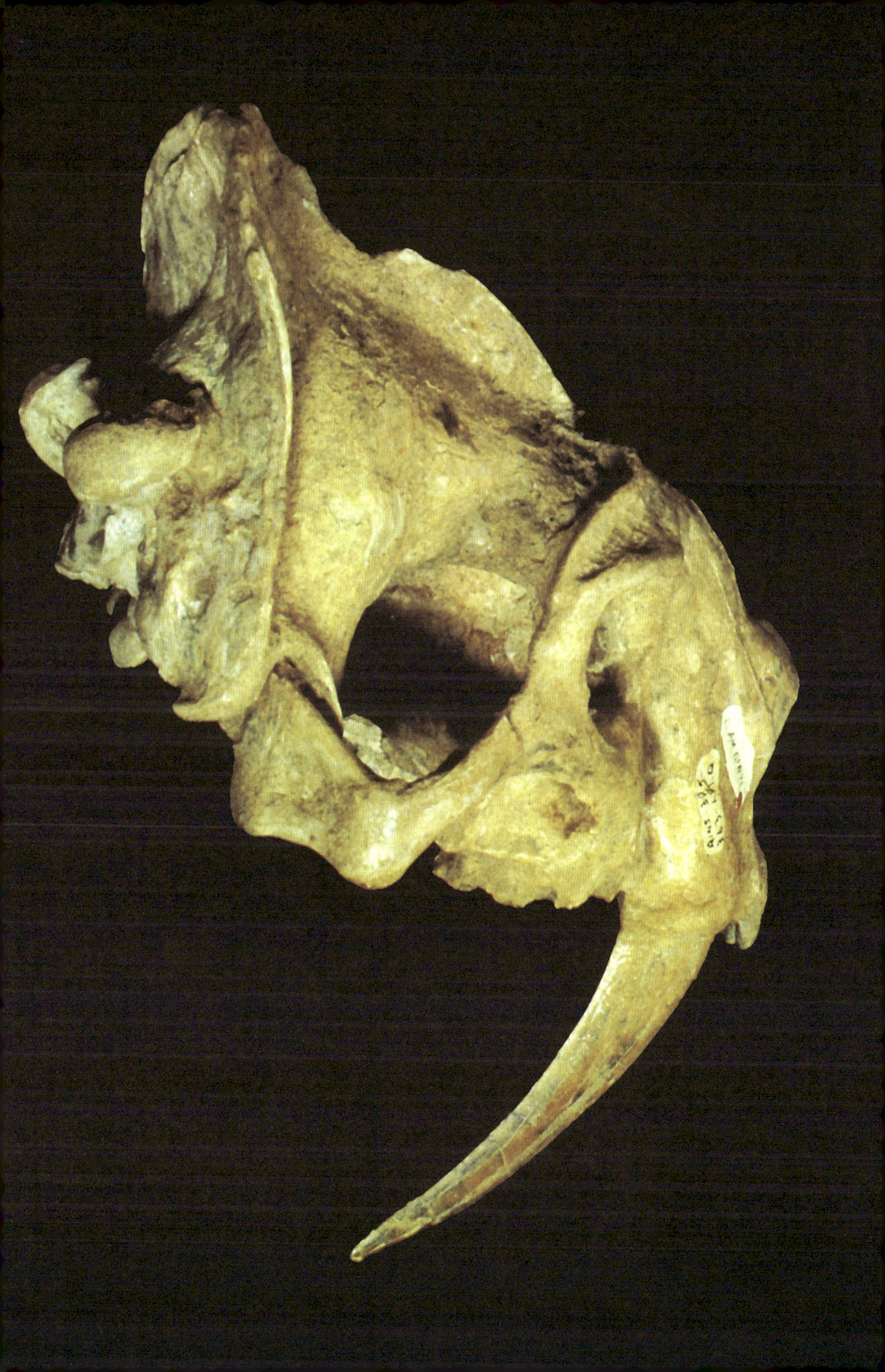

的规律：蛙形镜眼虫的复眼由17列透镜组成，幼虫复眼透镜数量较少，大概12~13列。但在发育过程中，每一列的底部又会长出新的透镜，列数也会增加。当列数达到17时，复眼便停止生长。虽然不同个体之间存在些许差异，但绝大多数成年蛙形镜眼虫的透镜数就稳定在17列（图48）。

当然，其中也有例外。目前发现的最古老的蛙形镜眼虫就有18列复眼。它最初被归为独立的“亚种”，名为米勒蛙形镜眼虫，但实际上，它是一个独立的物种。虽然两类三叶虫只在成年期差了一列复眼，并没有太大差别，但这种差异却在广泛的地理区域内稳定存在，更重要的是，它还在很长一段时间内稳定存在。

米勒蛙形镜眼虫在北美洲中部海域生活了约300万~400万年。它似乎是三叶虫的原始形态，因为它与生活在旧大陆（现在在今天的德国和北非有化石痕迹）海域、年代更久远的三叶虫几乎一模一样。蛙形镜眼虫则生活在北美东部海域，即现在的纽约州和最终形成阿巴拉契亚山脉（Appalachian Mountains）的盆地区域，那里的环境更为污浊。这两种不同形态的镜眼虫分别在北美东部和中部共存了300万年左右，但很显然，它们从来都不生活在同一区域。

如果长着18列透镜的米勒蛙形镜眼虫来自旧大陆，那么生有17列透镜的蛙形镜眼虫又从何而来呢？答案是，从米勒蛙形镜眼虫进化而来（见第43页图32）。但这怎么可能呢？它们在大部分时间内都是同时存在的！其实，原因就在于物种形成的过程：一部分原始米勒蛙形镜眼虫被隔离在东部地区，因而逐渐进化为蛙形镜眼虫。实际上，从某些方面来看，我采集的一小部分标本似乎介于两者之间，它们的复眼向外凸出，透镜数量比后来出现的蛙形镜眼虫更多，个别标本的透镜列数多达18列，和米勒蛙形镜眼虫一样。它们要么是较原始的蛙形镜眼虫，要么是进化程度较高的米勒蛙形镜眼虫——这简直就像上天送给我的礼物，透过这个窗口，我可以看到原始物种与后代物种之间的短暂过渡期。

但多数情况下，化石记录只展现了两种生活在相邻地区的三叶虫物种，它们非常相似，但始终有所差异。在共存的三四百万年里，这两个物种始终具有明显的相似性。但后来，北美中部海域几乎完全干涸，这一环境巨变对它们产生了重大影响，显然，米勒蛙形镜眼虫自此彻底消失。当海洋重

图48

某镜眼虫（*PHACOPS* SP.）的眼部特写，这种镜眼虫与美洲的米勒镜眼虫和蛙形镜眼虫关系密切。

泥盆纪中期（距今约3.88亿年）。摩洛哥。

与结构更加泛化的近缘物种相比，该镜眼虫的眼部结构变化更能表现该谱系灭绝过程中的进化演变。

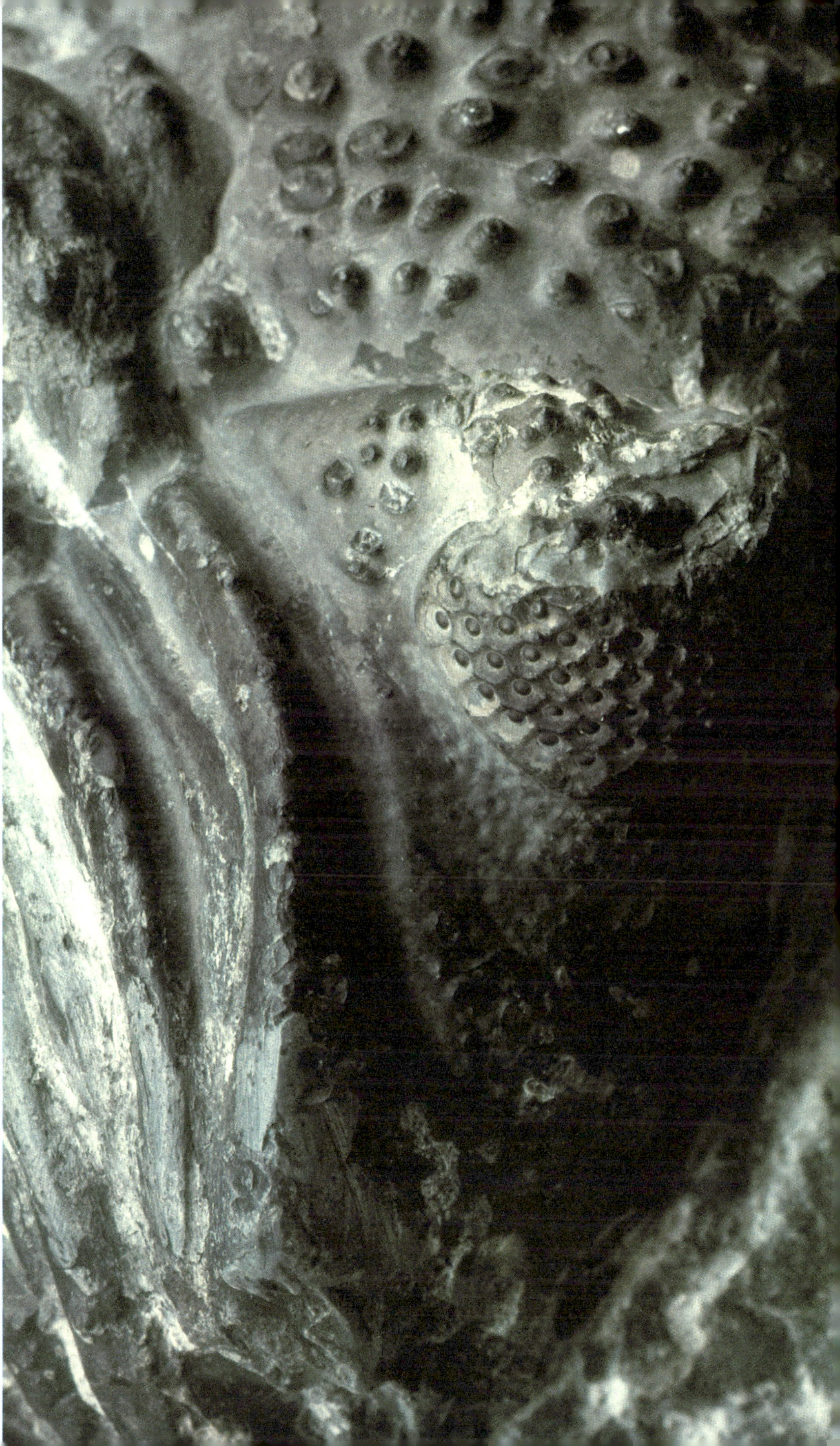

回内陆时，原来的动物群都或多或少地恢复了原样。曾经荒芜的海洋栖息地重新焕发生机，但从前生活在这里的米勒蛙形镜眼虫却没有回来，取而代之的是蛙形镜眼虫，该现象对间断平衡理论至关重要。就好像蛙形镜眼虫必须等到姊妹物种（其实是母种）灭绝以后才能进入丰饶的中西部海域。而当海水再次冲刷内陆时，米勒蛙形镜眼虫已经灭绝，彻底成为历史，此时，蛙形镜眼虫能够“看出”中西部的珊瑚礁海域就是合适的栖息地，于是直接将此地据为己有！

这一变化至关重要。如今，人们若在美国俄亥俄州、密歇根州或加拿大安大略省西南部采集三叶虫化石，便会发现所有三叶虫的透镜列数似乎都同时从 18 列变成了 17 列。这种现象会让人误以为进化是瞬间的突变，违背了达尔文的渐进论。但如果坚持达尔文的观点，我们也可以认为进化是渐进过程，只不过化石记录存在时间断层，而缺失的刚好是美国中西部的化石，记录着三叶虫透镜从 18 列到 17 列的过渡。

然而，实际上这两种解释都是完全错误的：生有 17 列透镜的镜眼虫并非在中西部进化而来。早在几百万年前，它就已经出现在了东部地区。而亲缘关系密切、生态角色类似的物种几乎无法在同一地区共存，所以我认为，这两个物种自己划分了领地，各自占据着最合适的栖息地。它们各自在自己的领地生活了 300 万年左右，最后，米勒蛙形镜眼虫彻底灭绝，蛙形镜眼虫才得以进入中西部海域，并在此生存繁衍。

如果你运气爆棚，或许可以在化石记录中找到过渡形态的物种化石，但它们不会以达尔文最初设想的方式出现。也就是说，在新旧物种出现的年代之间找到过渡样本的可能性微乎其微，在多数情况下，人们根本无法在古老的原始样本和年轻的后代样本之间找到中间形态。后代物种往往与原始物种同时存在，但二者生活的区域有所不同。在人类社会中，绝大多数父母在孩子出生以后仍会继续生活，同样，新物种由旧物种进化而来，两者也可以继续并存。进化既是横向（地理）过程，也是纵向（时间）过程。在地理隔离的作用下，原始物种分裂出新的物种。只有当新物种用不同的方式适应环境（即谋生方式与原始物种有所差异）时，才能与原始物种并存，从而实现持续的生存和繁衍。

这就是间断平衡理论的基本含义。化石记录表明，生物的进化并不是稳定渐进的过程。其实大多数物种在整个生命历程中都基本保持不变。但在追溯其进化历史时，我们会发现新物种虽然与祖先没有太大区别，但它们也不会随着时间的推移而回归原始形态。进化是相对突然的过程——注意，我说的是“相对”，因为根据达尔文的观点，最多几千年，就足以让“亲代”物种与其后代物种之间产生通常相当细微的变化。但这几千年的变化往往很难在化石记录中体现出来，因此人们其实很难找到所谓的“过渡样本”。当然，这并不是说进化可以瞬间完成，直接从一种状态跳到另一种状态，没有中间过渡形式。但这种过渡体存在的时间过于短暂，只持续了几千年，所以找到其样本的可能性微乎其微，对于几亿年前的古生代生物来说更是如此。绝大多数情况下，人们只能找到形态稳定、分布广泛的原始物种，它们可能已经生活了500万年、1 000万年甚至1 500万年；人们也可能发现一些后代物种，它们或许会比祖先活得更久（见本页图49、第76页图50）。

从化石记录来看，进化似乎是个“跳跃式”过程，但事实并非如此：真正的进化方式与达尔文的描述基本一致，但他误判了自然选择随地质年代推

图49

某岳齿兽科动物（*LEPTAUCHENIA* SP.），一种原始偶蹄类哺乳动物，与河马和猪密切相关。

渐新世（距今约3 000万年）。南达科他州劣地（Badlands）。

截然不同且密切相关的多个物种经常在同一生态系统中共存。

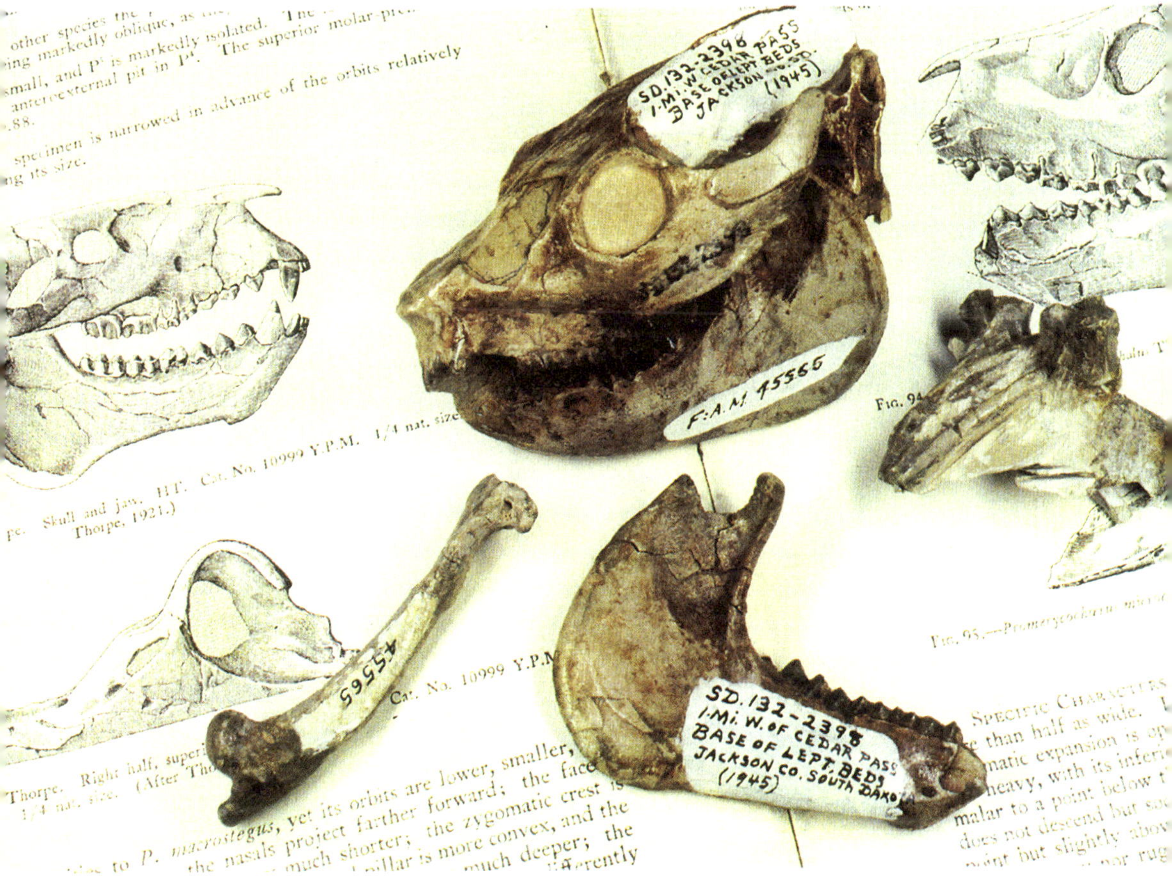

图50

克氏肥齿龙（*GORDODON KRAINERI*），一种新发现的盘龙目动物。

二叠纪早期（距今约2.98亿年）。新墨西哥州奥特罗县（Otero County, New Mexico）。

在大约4 000万年前，这些类似哺乳动物的爬行动物在陆地占据主导地位。

移而产生的效果，同时误以为化石记录会呈现渐进的变化过程。自然选择一直在进行，但这种选择主要是为了保持稳定、维持现状，只要生物能在环境不断变化的情况下找到熟悉的栖息地，就能基本保持不变。

间断平衡理论指出了化石记录中明显存在的稳定模式，但并未将其与物种逐渐变化的旧理论相结合，而是将其与谱系分裂形成新物种的理论结合在一起。它表明，如果没有新物种形成，就不会出现大幅度的适应性转变。该过程的运作依赖于其他因素，特别是物种灭绝这一生态现象。第七章将会提到，大规模的进化演变（即所谓的“宏观进化”）也在很大程度上依赖于物种形成和灭绝的相互作用。但无论如何，化石记录都清晰地展现出一个有关生命历史本质的核心问题：生命历史是稳定的，只是偶尔会在进化过程中出现一些变化。

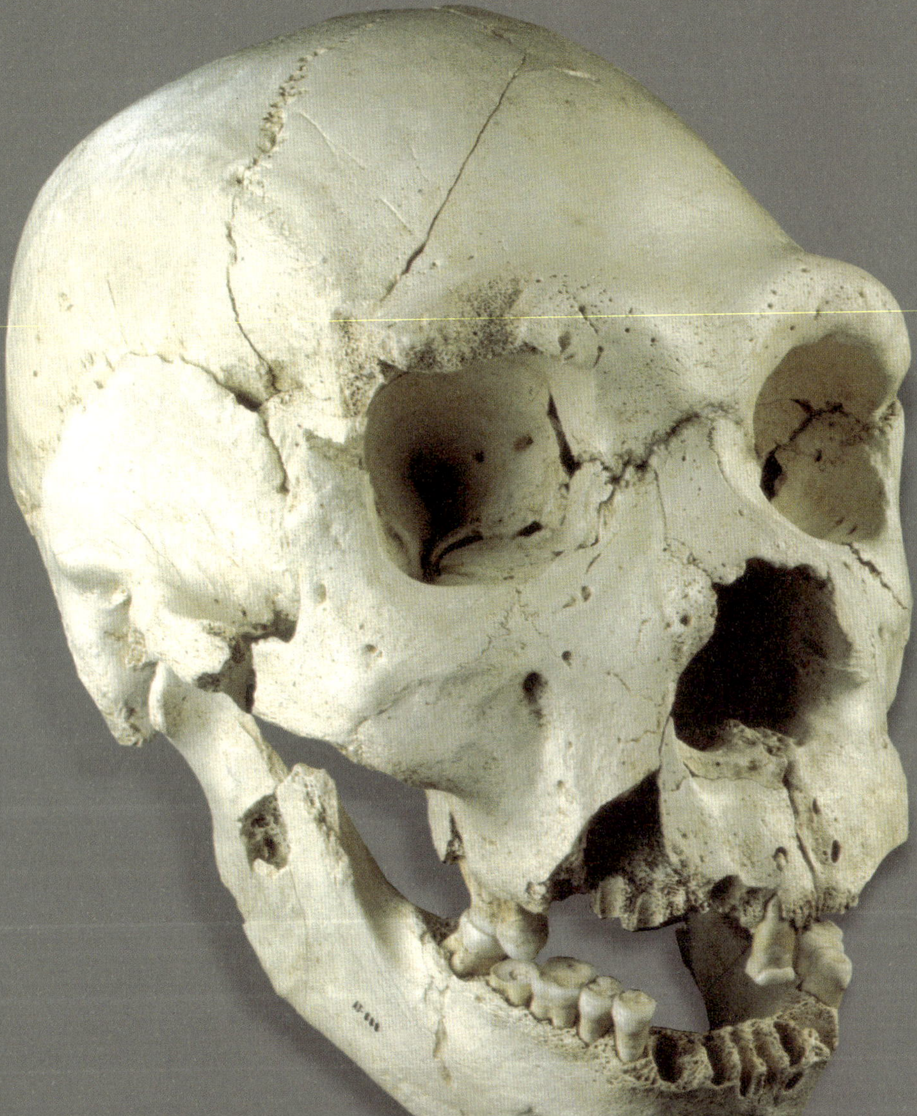

第四章

人类的进化

图51

海德堡人（*HOMO HEIDELBERGENSIS*，也叫先驱人，即*HOMO ANTECESSOR*），5号头骨。

更新世中期（距今约35万年）。西班牙阿塔普埃尔卡（Atapuerca）“骨坑”（Sima de los Huesos）。

在这个约13.1米深的洞穴底部，已挖出代表28具骨架的5 500多块人骨。其中5号头骨是保存最完整的头骨。遗传证据表明，与尼安德特人（Neanderthals，学名*Homo neanderthalensis*）相比，这些人亚族物种与神秘的丹尼索瓦人（Denisovan）亲缘关系更近。（见第98页图66）

来源：哈维尔·特鲁埃瓦（Javier Trueba）；特别感谢马德里康普顿斯大学（Universidad Complutense de Madrid）的胡安·路易斯·阿苏亚加。

图52

智人，现代人类骨架。

现代。

人类骨骼与其他哺乳动物的骨骼相吻合。

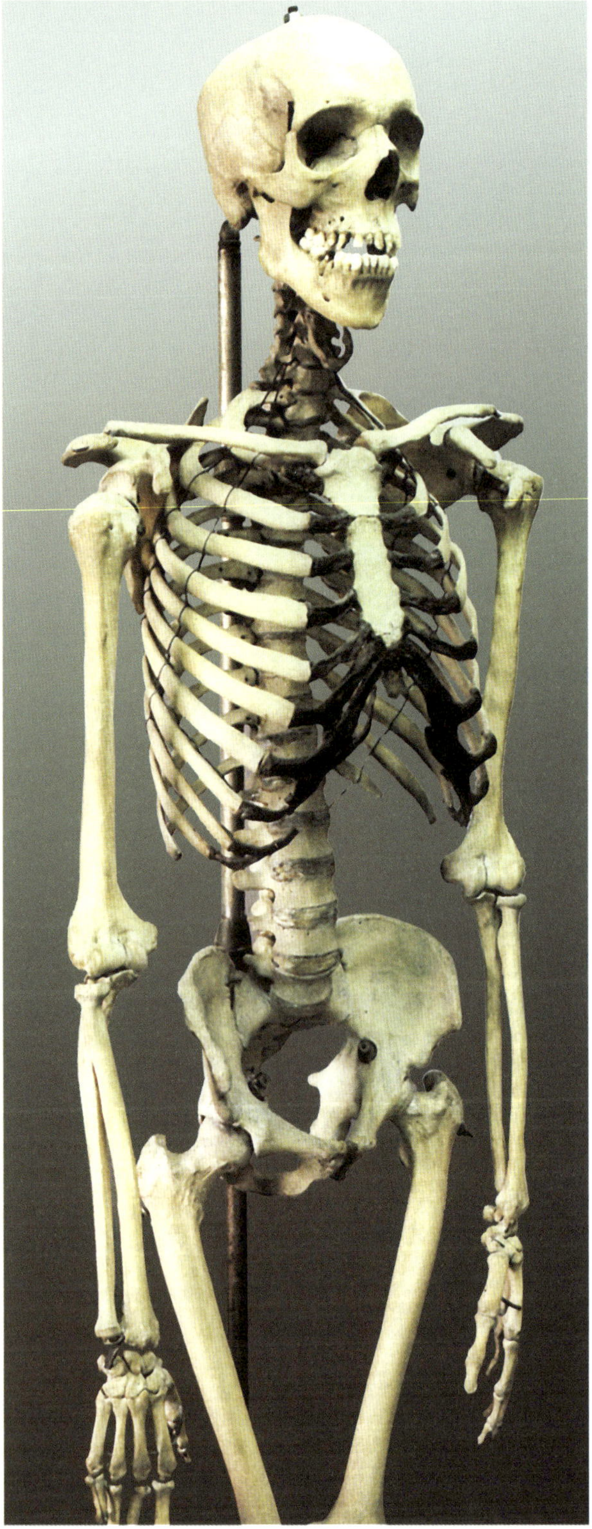

达尔文给思想界注入了新的活力。1859 年以后，所有生物学家都开始将生命世界视为历史悠久的系统。人们开始迅速投身于重建生命历史的新运动，恩斯特·海克尔（Ernst Haeckel）就是该运动的先锋，他是一位颇具影响力的德国科学家，也是一位出色的艺术家。进化为生物化石及其现存形态的解读提供了全新的视角。

即使在神创论占主导地位时，人类被普通认为是按上帝的形象创造出来的，但人们依然也认为人是动物的一员（见第 80 页图 52）。家养动物进食、睡眠和繁殖的方式显然与人类相似。猫和羊骨架的基本形态也和人骨完全吻合（图 53）。进化理论认为，生物世界的其他成员都通过祖先和后裔进化的历史联系在一起，一旦人们接受了这一观念，就必然要将自己纳入其中。

一夜之间，人们对自己在自然界中的地位有了新的理解，这种变化带来的冲击至今仍在回荡。自古以来，一直有一个问题在困扰着人类——我是谁？但在寻找答案的过程中，人们仍未完全接受自己与生物界的其他成员有着共同进化历史这一事实。19 世纪末，人们急于从进化论的角度重新解读化石，其中自然也包括已经出土、相对稀少的史前人类化石。但很多人始终不愿意承认，我们这些林奈口中的“智人”

图53

年轻雌性狒狒的骨架。

现代。

非人灵长类动物的骨架与人类骨架尤为相似。

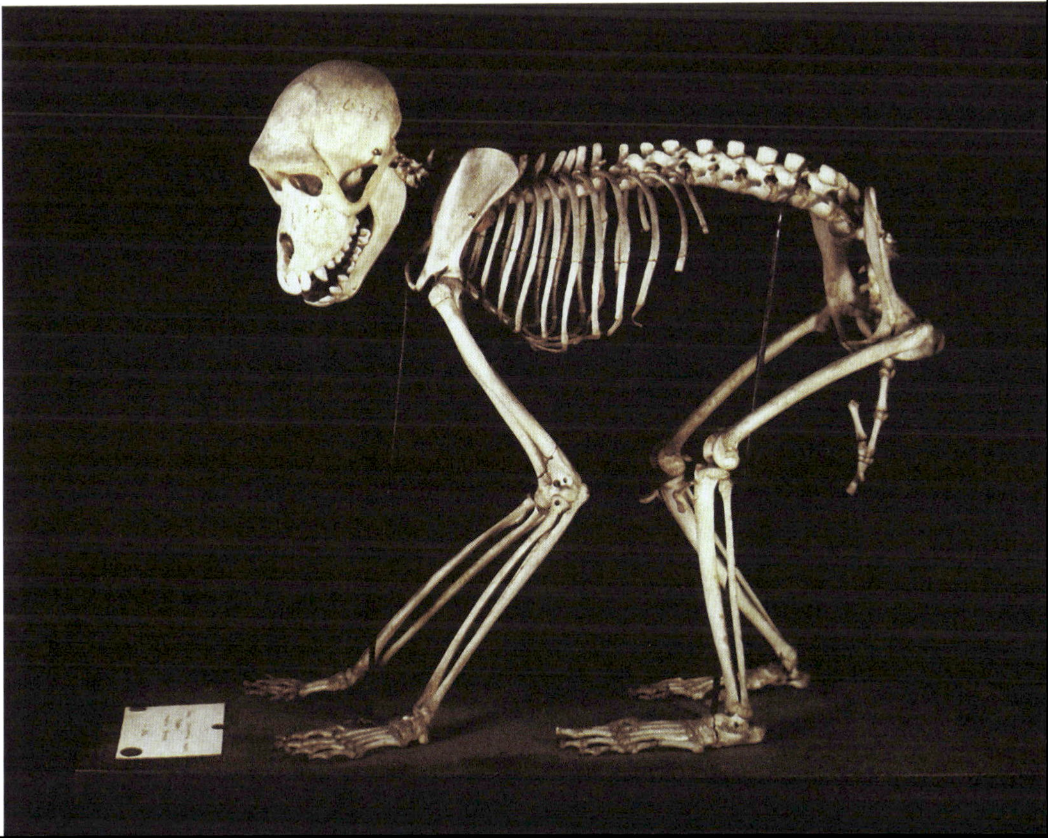

（Homo sapiens）确实也经历过进化。这就是所谓的“人类例外论”（human exceptionalism）：很多人仍然认为，蠕虫、三叶虫甚至猴子都可以进化，只有人类不能。

直布罗陀巨岩（Rock of Gibraltar）的某个洞穴曾发掘出一个人类头骨，但当时人们普遍认为，头骨的主人患有某种疾病（见第 83 页图 54）。达尔文的《物种起源》问世后，由于类似的头骨在欧洲各地陆续出现，有些生物学家便认为，直布罗陀出现的头骨，以及那些与之类似的遗骸，其实是人类祖先的化石。但直到 1872 年，德国著名生物学家鲁道夫 · 菲尔绍（Rudolf Virchow）才重新提出原来的观点：在他看来，这些化石似乎是现代病人的遗骸。由此看来，人类完全接受自己与其他生物通过进化过程相互关联，这确实是个曲折的过程。

然而，就算某些生物学家坚持旧有的人类血统观念，人们普遍开始在进化论框架下重新解读化石记录的行为终将把人类谱系（即人类的进化历史）纳入其中。1859 年，达尔文只是（温和地）提出，“后代渐变”“有助于”探究人类自身的起源。但到 1871 年，他在《人类的由来》（*The Descent of Man*）一书中明确指出了这一点。在这种精神的推动下，荷兰医生欧仁 · 杜布瓦（Eugene Dubois）决心找到早期人类的化石，补全类人猿与现代人类之间“缺失的一环”。达尔文合理推断，非洲应该存在早期人类化石，因为大多数大型类人猿至今仍生活在非洲。但杜布瓦缺乏个人资源，因而无法成行。相反，他退而求其次，加入了荷兰东印度公司（Dutch East India Company），并于 1887 年出发前往苏门答腊（Sumatra），也就是亚洲巨猿——红毛猩猩的故乡（见第 85 页图 55）。

杜布瓦及其助手团队很快就取得了重大发现。1891 年，他在爪哇（Java）中部找到了“直立猿人”（*Pithecanthropus erectus*）的骨骼和牙齿（见第 86 页图 56），该物种名称说明，杜布瓦确信自己发现的是一种介于猿和人之间的物种。直立猿人的股骨形状与人类非常相似，足以证明这些生物是直立行走的，但它们厚重的头骨上长有粗大的眉脊，最重要的是，它们的大脑体积只有现代人的 70%。

杜布瓦为人类古生物学这门新兴科学奠定了坚实的基础。尽管他本人后来在严厉的批评面前动摇了（他后来将自己发现的化石归为灭绝的长臂猿物种），但所有人都已相信这些化石就是早在远古时期便已灭绝的人类遗骸（现已重新命名为直立人，即 *Homo erectus*）。该物种的生活范围遍布整个旧大陆，从南非到中国，到处都能找到它们的骨骼和工具，其中也涵盖了杜布瓦及其团队首次探索的爪哇沉积层。

后来几年，许多著名学者也成功

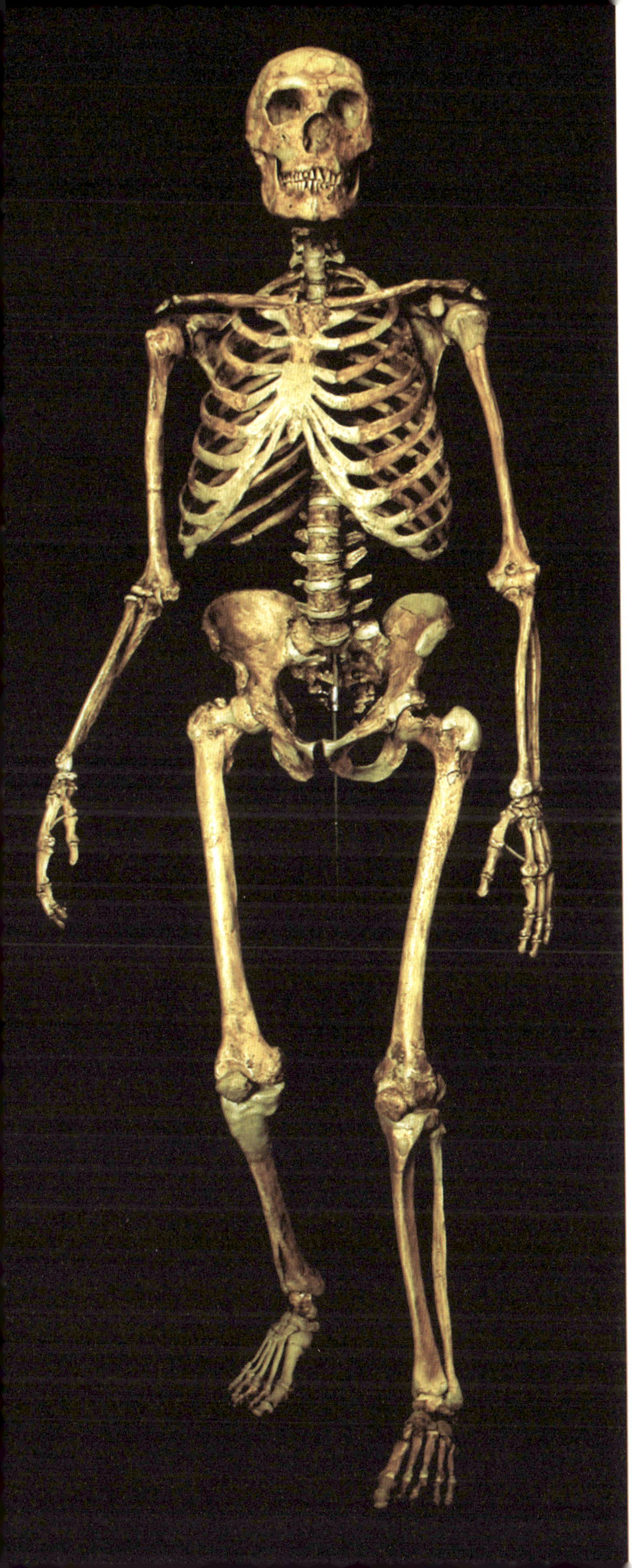

图54

尼安德特人（*HOMO NEANDERTHALENSIS*）重建骨架。

目前发掘出的尼安德特人遗骸已有400多具。上图中的重建骨架是根据8具保存最完好的尼安德特人骨架化石建造的。

来源：骨架重建工作由美国自然史博物馆的G·J·索耶（G.J. Sawyer）和华盛顿大学（Washington University）的布莱恩·梅利（Blaine Maley）共同完成；照片由CyraCom公司（CyraCom International）肯尼思·莫布雷（Kenneth Mobray）提供。

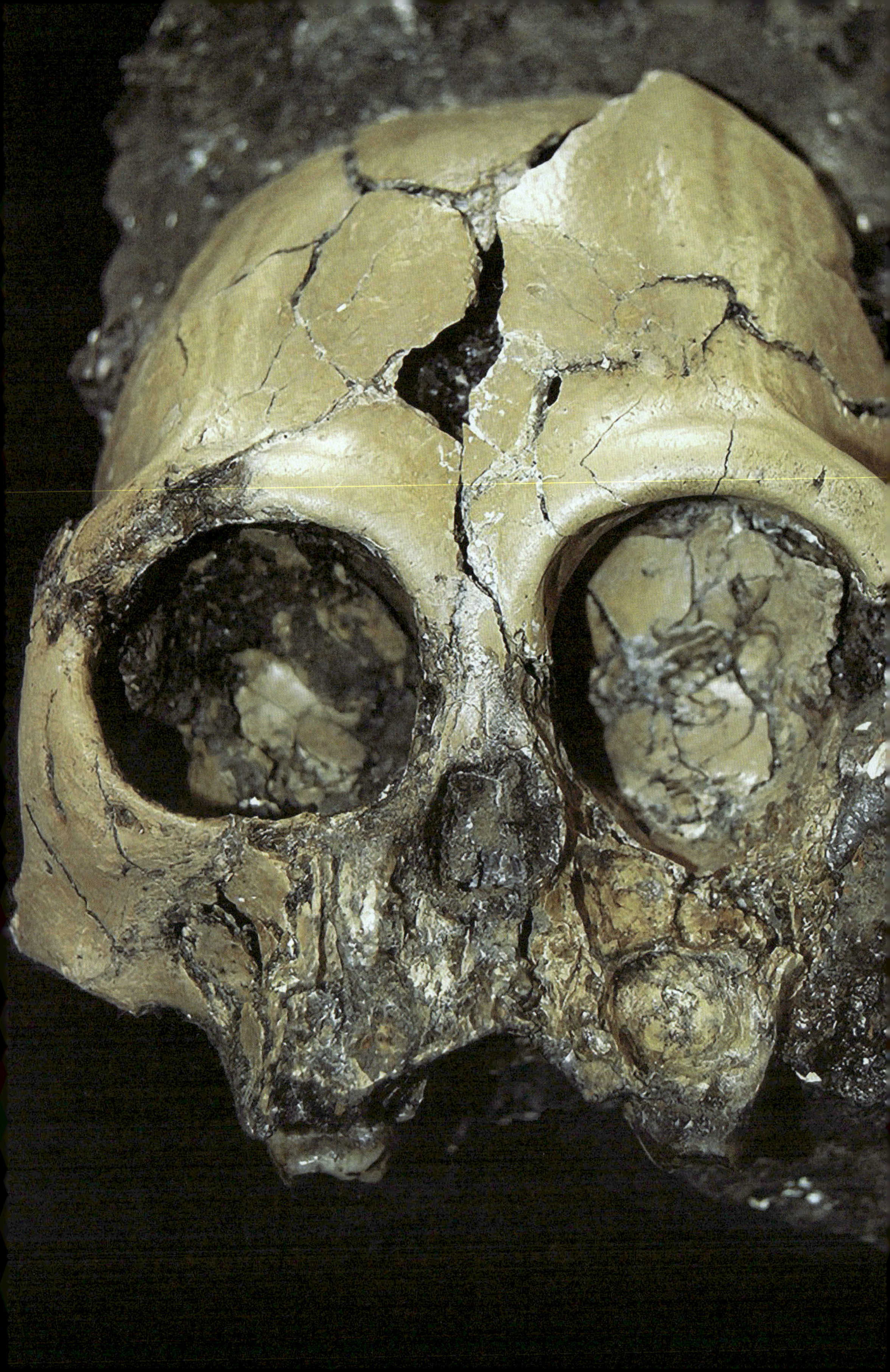

图55

禄丰古猿（*LUFENGPITHECUS IUFENGENSIS*），原位头骨。

中新世后期（距今约600万年）。中国云南省昭通市水塘坝。

人们认为，这个保存完好的头骨来自某大型猿类谱系，与现存的任何一种大型猿类都没有特别密切的关系。

来源：吉学平，云南省文物考古研究所。

图56

直立人（*HOMO ERECTUS*）

股骨与头盖骨，最初名为直立猿人（*Pithecanthropus erectus*）。

更新世中期（距今约100万年），爪哇特立尼尔（Trinil）。

这些化石由杜布瓦团队在19世纪90年代发掘出土。

发掘出了人类化石。20世纪20年代，雷蒙德·达特（Raymond Dart）在非洲找到了大量化石，最终发现了比杜布瓦的直立人更古老、更原始的物种，从而证实了达尔文的预言。当然，达特也遭遇过反对的声音，但如今，我们已经接受了达特最初的说法，这些名为“非洲南方古猿”（*Australopithecus africanus*）的早期非洲化石正是人类谱系中极其古老且原始的成员（图57）。它们实在太过原始，不免让人联想到猿类，而且越是往前追溯，就越会发现我们的祖先长得像猿。如果人类真是远古时期从猿类谱系分化出的新物种，那么人类祖先确实会呈现明显的猿类特征。

在人类古生物学不断发展的过程中，大量行业翘楚也开始进入大众视野。其中最有名的就是利基一家。著名考古学家玛丽·利基（Mary Leakey）和她的丈夫路易斯·利基，在坦桑尼亚的奥杜瓦伊峡谷（Olduvai Gorge）奋斗多年，但屡屡受挫，却还是凭着顽强的毅力坚守阵地。1959年，玛丽发现了鲍氏东非人（*Zinjanthropus boisei*）的头骨，也就是如今的鲍氏傍人（*Paranthropus boisei*），他们的努力终于有了回报（见第88页图58）。另外，玛丽·利基还在坦桑尼亚的来托利（Laetoli）发现了原始人的脚印，证明目前已知最古老的人类祖先早在350万年前就会直立行走了。

后来，他们的儿子理查德·利基（Richard Leakey）也对人类古生物学作出了重大贡献。在乘直升机从埃塞俄比亚（Ethiopia）某勘探点向南飞往肯尼亚（Kenya）的途中，理查德看到肯尼亚北部的图尔卡纳湖（Lake Turkana）周围露出了几片颇有研究价值的岩层。后来，他发现了南方古猿属（*Australopithecus*）标本，其中最值得一提的就是早期人属标本，包括能人（*Homo habilis*）和目前已知的第一批非洲直立人标本（即匠人，*Homo ergaster*），这些发现极大地丰富了我们对人类进化过程的认知（见第89页图59）。

我们必须承认，这些勇敢的探索者为人类历史研究作出了重大贡献，而他们获得声誉则是因为全人类对历史探索无比重视。作为（目前）唯一能主动意识到自身存在的物种，我们已足够幸运，能够探究生命存在的本质。理查德·利基和唐纳德·约翰森（Donald Johanson）（后者在埃塞俄比亚发现了大量标本，其中包括著名的“露西”，即目前已知最古老的人类祖先之一）就人类进化细节展开辩论，他们之间的争执反映了两位人类化石专家对每一处微小解读差异、每一个微妙分歧的重视。

图57

非洲南方古猿挖掘中的骨架。

该人亚族生物名为“小脚”（Little Foot），能用双足行走，但很多时候也在树上生活。

来源：南非金山大学（University of the Witwatersrand）的罗恩·克拉克（Ron Clarke）。

图58

鲍氏傍人

一种粗壮型南方古猿，最初名为鲍氏东非人。

多年来，利基夫妇一直在奥杜瓦伊峡谷等东非地区寻找早期人类遗骸，这块头骨是他们的第一个成果。

图59

能人

图尔卡纳男孩骨架。

这个8岁人亚族男孩颈部以下的身体比例基本与现代人相同。然而，他的脑容量为880立方厘米，明显小于现代人1 350立方厘米的平均值。

来源：美国自然史博物馆的伊恩·塔特索尔。

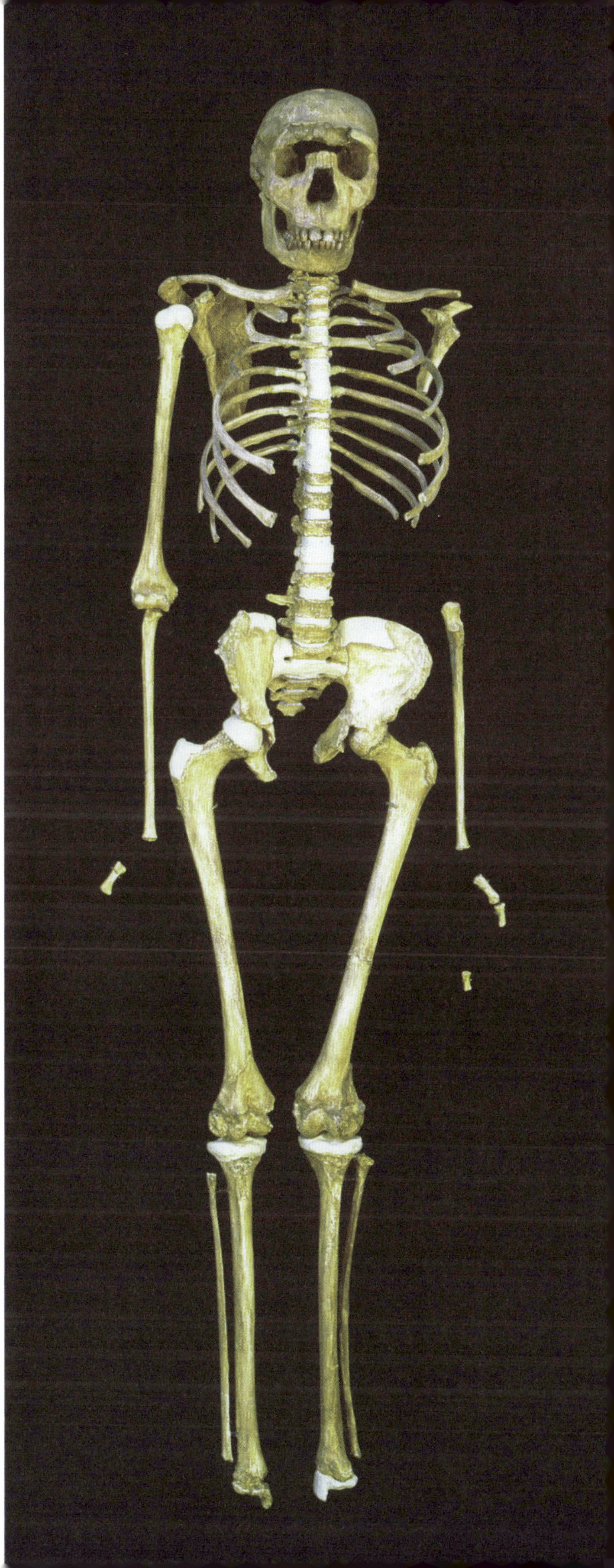

作为原始人的后代，我们人类自然要格外重视这些揭示人类进化史本质的化石。

人类古生物学领域似乎一直存在类似的分歧，然而，厘清人类进化史的基本轮廓其实没那么困难。从其他物种的化石记录中，我们可以清晰地勾勒出绝大多数生物的进化历史，而在化石采集者们的不懈努力下，人类化石记录也已足够丰富，至少能让我们还原出同样清晰的进化图像。未来，我们将继续围绕人类进化的细节问题展开讨论，并对家族树的拓扑结构进行细化修正，但总体而言，人类的进化图像不太可能发生根本性的改变。

人类进化概述

显然，达尔文的观点没错，化石记录表明，人类谱系确实起源于非洲。人们在中非乍得的朱拉卜沙漠（Djurab Desert of Chad）发现了距今约700万年的乍得沙赫人（*Sahelanthropus tchadensis*），它是人类从黑猩猩谱系独立出来以后已知的最古老的人类祖先（见第105页图70）。另外，肯尼亚还出现了距今600万年的图根原人（*Orrorin tugenensis*）化石（图60）。这两个物种的解剖学特征表明，其中至少有一部分成员已经学会直立行走。有人认为，与南非发现的鲍氏傍人和利基一家在奥杜威发现的鲍氏傍人相比，年代更为久远的乍得沙赫人和图根原人与智人的亲缘关系更近。

图60

图根原人早期人亚族股骨（左上与右上）。

中新世后期（距今约600万年），肯尼亚图根山区（Tugen Hills）的卢凯诺组（Lukeino Formation）。

这两根股骨的形态比南方古猿或非洲猿更接近人类。

来源：照片由法兰西公学院（Collège de France）的马丁·皮克福德（Martin Pickford）拍摄，由肯尼亚社区博物馆提供（Community Museums of Kenya）。

最著名的早期人类祖先露西及其同类标本均出土于东非，尤其集中在埃塞俄比亚和坦桑尼亚的来托利。从很多方面来看，其所属物种——阿法南方古猿（*Australopithecus afarensis*）——与大型类人猿几乎没有太大差别。“露西”是一项极其重要的发现，它得名于当时流行的披头士歌曲。它是一具女性骨架的残骸，在人类化石记录中非常罕见，因为通常情况下，人类化石只能保留牙齿和零碎的骨骼（见第93页图61）。根据这具不完整的骨架，我们可以推测出阿法南方古猿的某些基本身体特征。

露西的站立身高约1.2米，体形与现代黑猩猩差不多。更重要的是，该物种的平均脑容量约为450立方厘米（cc.），与现代黑猩猩不相上下。除此之外，它还具有很多明显的猿类特征，同时也在微微朝“我们”的方向进化：突出的面部长有犬齿，以人类的标准来看，它的犬齿很大，但比猿类更小一些

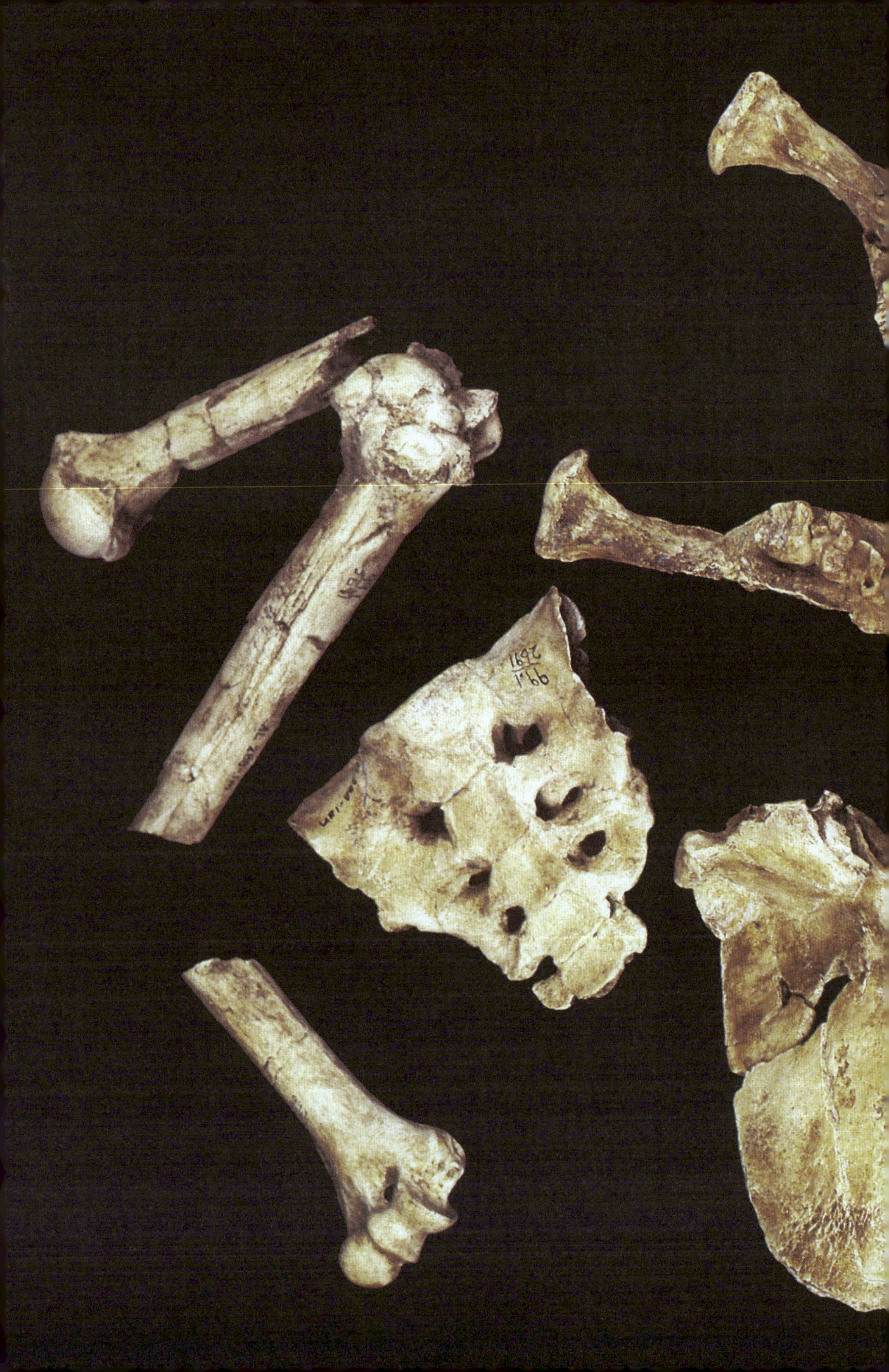

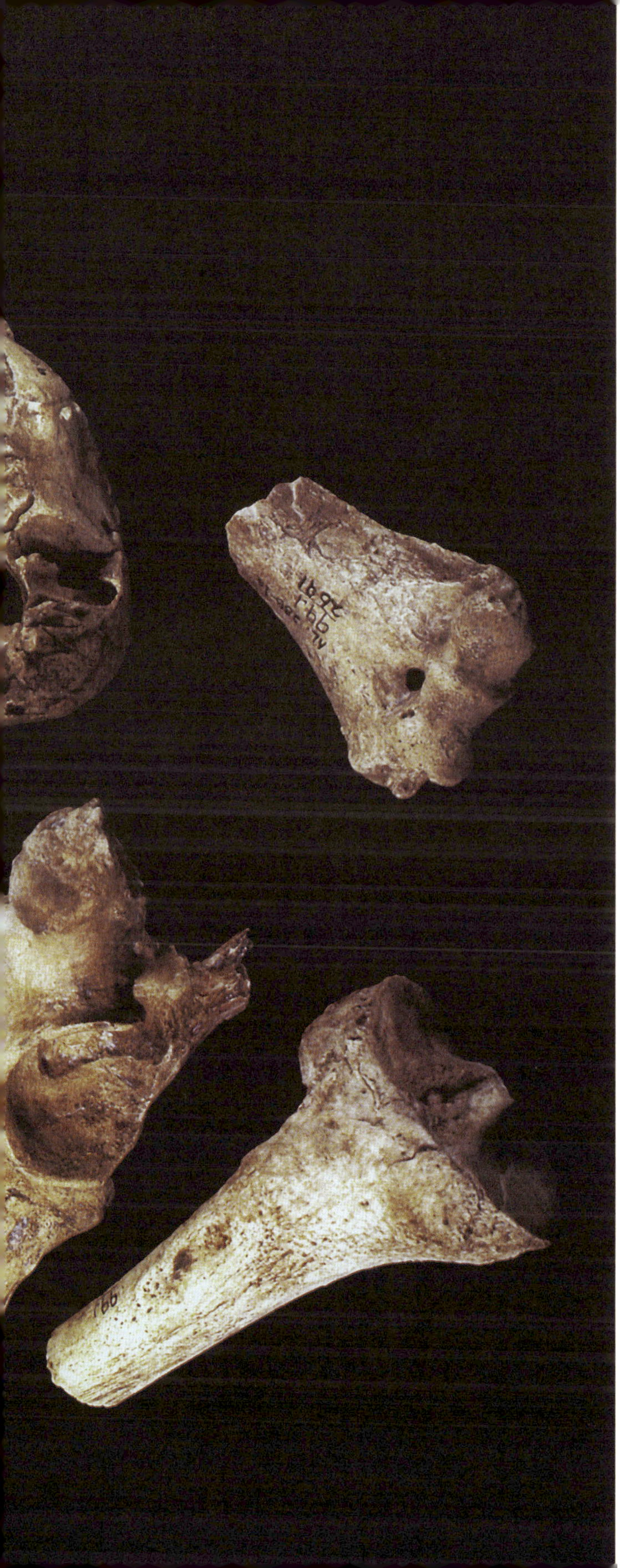

图61

阿法南方古猿“露西”的部分骨骼化石。

上新世后期（距今约320万年），埃塞俄比亚哈达尔（Hadar）。

唐纳德·约翰森发现的“露西”是现代古生物学最著名的化石发现之一。

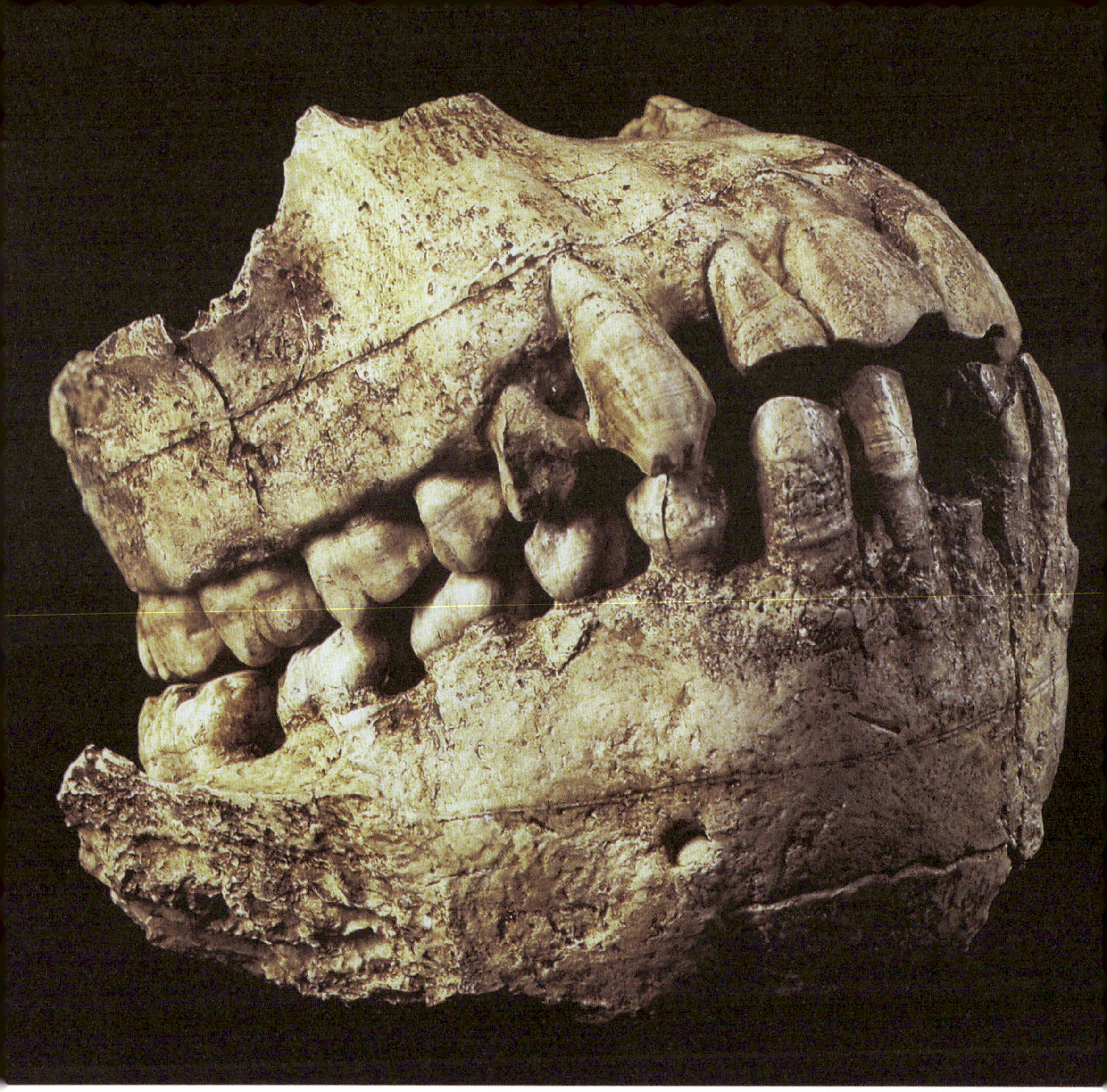

图62

阿法南方古猿的上下颌骨。

显然，阿法南方古猿颌骨中的牙齿不太像猿类，反而更像人类。

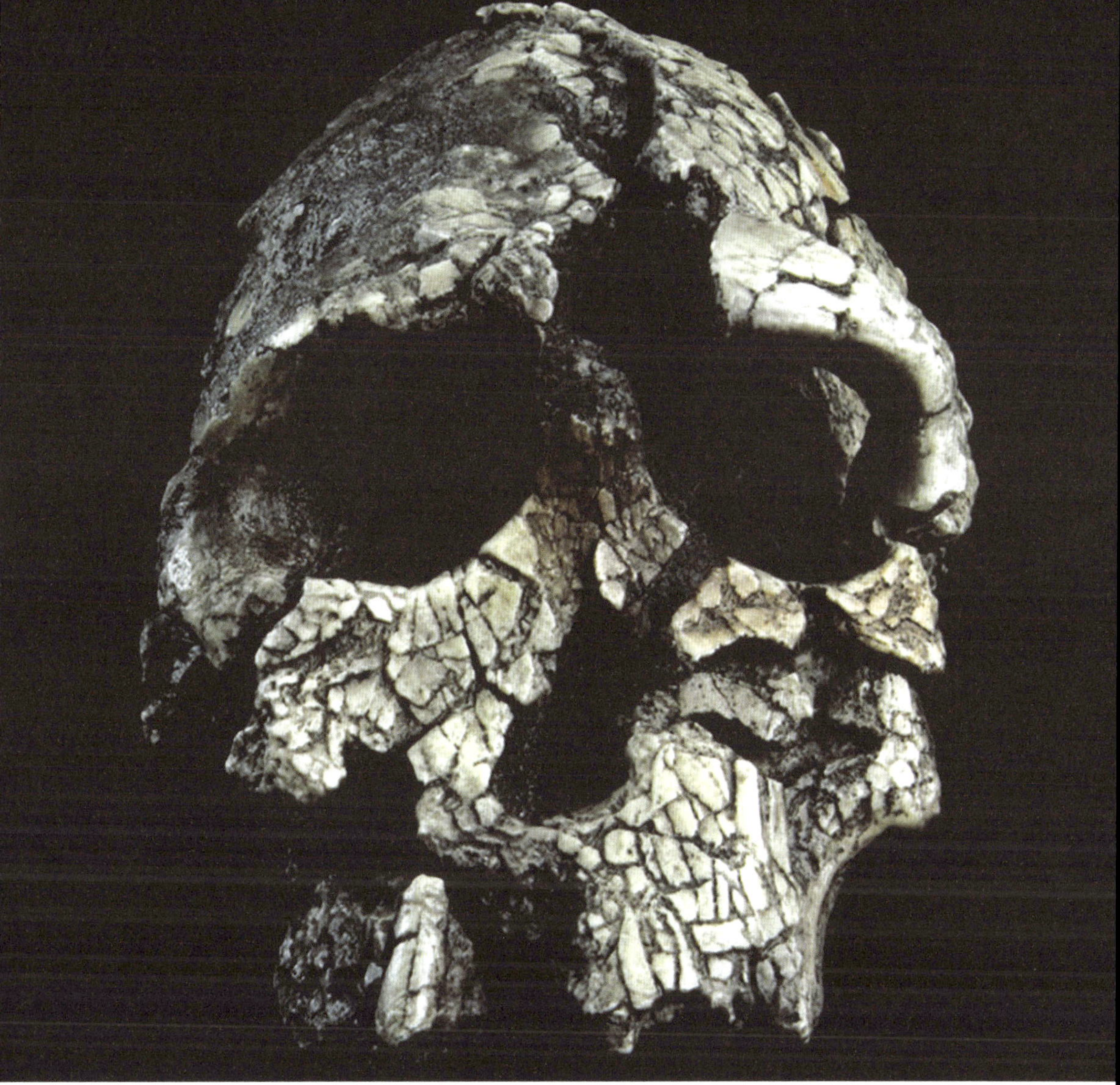

图63

肯尼亚平脸人

人族成员，所谓的人族包括现代人以及从黑猩猩分化出的已灭绝的人族物种。

上新世（距今约335万年），肯尼亚图尔卡纳湖。

肯尼亚平脸人的出现表明，在300多万年前，至少有两个人亚族物种曾在东非同时存在（另一个是阿法南方古猿）。

来源：照片由马克斯·普朗克演化人类学研究所（Max Planck Institute of Evolutionary Anthropology）的弗雷德·斯普尔（Fred Spoor）拍摄，由肯尼亚国家博物馆（National Museums of Kenya）提供。

（见第 94 页图 62）。和后来的人类谱系成员一样，阿法南方古猿的磨牙（即臼齿）已略有增大。但这些原始人与猿类的显著区别在于，它们已开始用双足行走：如前所述，玛丽·利基在来托利发现的脚印无疑证明，虽然阿法南方古猿在其他方面与猿类极其相似，甚至还可能生活在树上，但它们已完全具备了站立和持续用双足行走的能力。近年来，在古生物学家的努力下，露西祖先的踪迹也开始慢慢显现。

在深入探索人类祖先的过程中，研究人员又在非洲发现了阿法南方古猿同时代物种的踪迹。如今最活跃的利基家族成员米芙·利基（Meave Leakey）和女儿路易丝（Louise）于 1999 年带领研究团队在肯尼亚发现了一种距今 350 万年的人亚族化石，名为肯尼亚平脸人（*Kenyanthropus platyops*）（见第 95 页图 63）。虽然古人类学家惯于围绕新发现的人亚族化石的进化关系和分类方式展开争论，但进化生物学家早已指出，很多进化过程都在孤立种群中进行，新物种也由此诞生。人类谱系已有 500 万~700 万年的历史，在此期间，总会出现多个物种同时存在的现象，这不足为奇。如今，人亚族仅存一属一种，也就是我们智人，该事实似乎让我们产生了某种偏见。认为过去的进化过程中也只有一个物种。但化石清楚地表明，人类谱系至少有过两个物种，这是所有积极进化的谱系都会出现的正常情况。

"露西"及其同类生活的年代距今约 300~400 万年。在那之后生活着达特发现的非洲南方古猿，距今 250~300 万年。其化石主要出土于南非的石灰岩洞，与阿法南方古猿相比，它们的体形更小巧，少了一些类猿的特征。但其平均脑容量似乎也在 450 立方厘米左右，与阿法南方古猿差不多。较小的体形（即古人类学家所说的"纤细型"）是非洲南方古猿被归入人类谱系的关键因素，其进化程度比非洲的早期人亚族略高。

大约 250 万年前，非洲的环境发生剧变。原本的林地和热带森林迅速为广袤的草原和热带稀树草原所取代，孤立的小林地像岛屿一样散布在平原。全球气温骤降导致栖息地突然重组，为很多物种敲响了丧钟。尽管有迹象表明非洲南方古猿可能还在非洲南部仍然存活，但就在这一系列气候剧变发生以后，人们又在近期发现了距今 200 万年的南方古猿源泉种（*Australopithecus sediba*）骨架。这是人们第一次在非洲环境变化以后发现有两种原始人同时存在（还有些古生物学家认为，同时存在的原始人共有三种）。

这两种中的一种是原始人的分支——乍一看，其外观好像在朝猿类的方向退化。有些物种的骨骼已经进化得更为坚固，变成了所谓的"粗壮型"南方古猿，如南非的埃塞俄比亚傍人（*Paranthropus aethiopicus*）、罗百

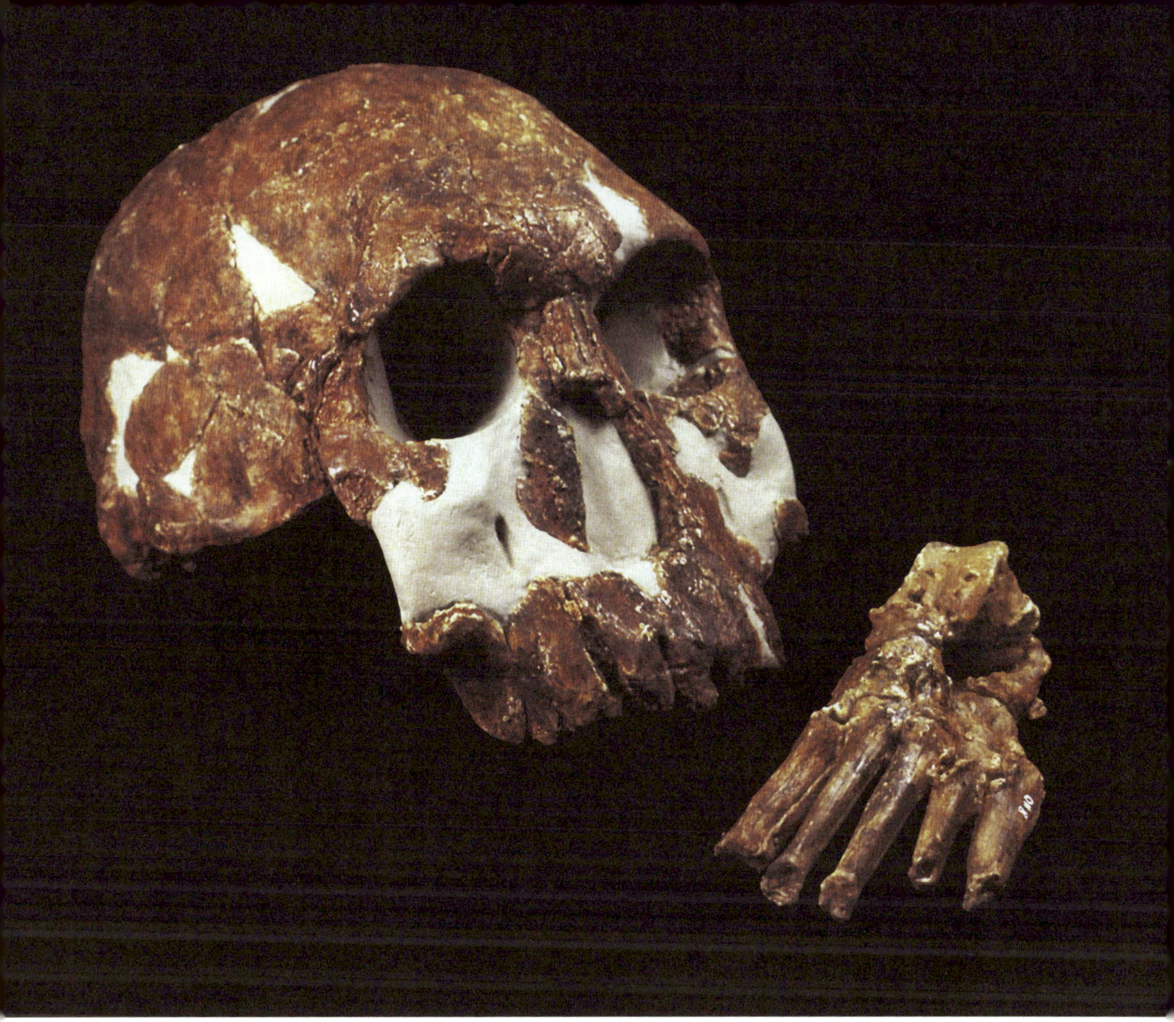

图64

能人，左：著名头骨，编号ER 1470。

上新世晚期（距今约190万年）。肯尼亚，库比佛拉（Koobi Flora）。

右：脚骨。

上新世晚期（距今约180万年）。坦桑尼亚，奥杜瓦伊峡谷。

这具脑容量更大的头骨和右边的脚骨来自“能人”，这是目前归入我们人属的最古老的物种。

图65

黑斑羚大小动物的肋骨碎片和水牛大小动物的股骨碎片，末端有切割痕迹。

中新世中期（距今约340万年）。埃塞俄比亚迪基卡，阿瓦什低谷（Lower Awash Valley）

毫无疑问，骨头末端的切割痕迹表明，当时的人类已经开始使用工具。

来源：版权归迪基卡研究项目（Dikika Research Project）所有，图片由马克斯·普朗克演化人类学研究所的香农·麦克弗伦（Shannon McPherron）提供。

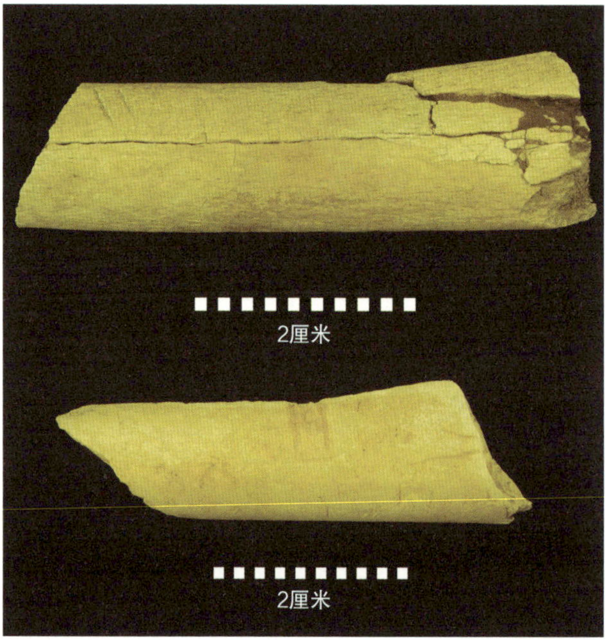

图66

尼安德特人，女性脚趾骨。

更新世中期（距今约13万年）。西伯利亚（Siberia）丹尼索瓦洞（Denisova Cave）。

令人惊讶的是，这块尼安德特女性脚趾骨几乎完整保存了约13万年前的个体基因组。大约60万年前，现代人从尼安德特谱系分化出来；类似的基因组研究表明，现代欧洲人和亚洲人的DNA有1%～3%来自尼安德特人，很可能是因为两条谱系分化之后进行过基因交换。

来源：本斯·维奥拉（Bence Viola），马克斯·普朗克演化人类学研究所。

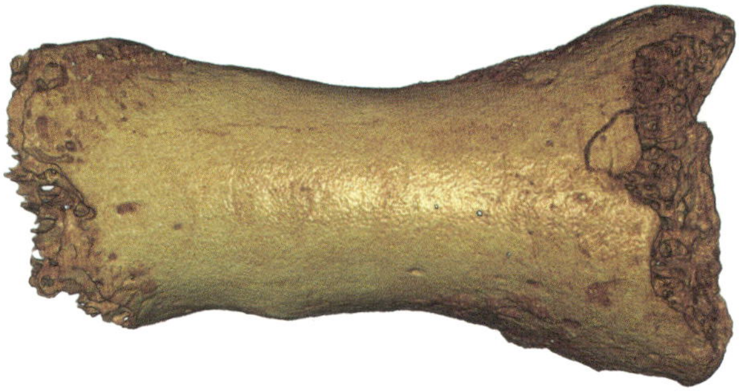

氏傍人（*Paranthropus robustus*）以及玛丽·利基发现的鲍氏傍人。这种粗壮型南方古猿生存了100万年左右，与其同时存在的还有另一个物种——能人。之所以叫“能人”，是因为路易丝·利基在奥杜瓦伊峡谷发现其手骨与人类极为相似。从解剖学角度来看，“能人”的出现意味着人类在进化过程中迈出了重要的一步。理查德·利基发现的著名“能人”头骨化石脑容量约750立方厘米——虽然仍与现代人类1 400立方厘米的平均值相去甚远，但与早期物种相比，已经有了很大的提高（见第97页图64）。此外，还有证据表明，“能人”也是最先开始制造石器的原始人，而在考古记录中，最早的石器恰好也出现在260万年前左右，与能人化石出现的时间一致。但也有人质疑说，这并不是石器最先出现的年代，因为埃塞俄比亚的迪基卡（Dikika）地区也发现了原始人使用工具的痕迹，其年代距今约340万年，而且与“露西”及其同类有关（见第98页图65）。

由此可见，人类进化史中存在物种形成现象，其中分化出的“人属”逐渐进化为我们现代人类，而另一物种——粗壮型南方古猿——仅以植物为食，一共存在了100万年左右，最终走向灭绝。接下来出现的是南方古猿源泉种，它介于纤细型南方古猿和杜布瓦发现的亚洲直立人及其近亲之间，如年代较早的非洲匠人。1984年，研究人员在肯尼亚图尔卡纳湖沿岸发现了一具距今160万年的骨骼，与此同时，杜布瓦也于19世纪90年代在爪哇发现一条大型股骨，如此一来，我们才知道匠人/直立人几乎和我们一样高（见第78页图51）。目前已知的年代最早的标本已有近200万年的历史，略早于更新世（即“冰河时代”）初期的第一次冰川扩张。而目前发现的年代最近的标本则来自北京附近的一个洞穴，距今只有30万年。

由此可见，直立人是一个生存能力很强、分布范围很广的物种，一共存在了100多万年。其平均脑容量约为1 000立方厘米，令人惊讶的是，在长达150万年的生命历程中，其脑容量几乎没有变化。有些人类学家认为，与最古老的标本相比，最年轻的样本脑容量会略有增加，但也有人指出，非洲出现了一个脑容量高达1 067立方厘米的头骨化石，它也是迄今发现的最古老的匠人之一。直立人前额扁平，向前倾斜，眉脊突出，从我们现在的眼光来看，它们显得相当原始。然而从其他方面来看，该物种的外观与人类非常相似，行为也是如此：他们会打猎，会制作石器，可能还会做衣服。

迄今为止，欧洲发现的人亚族化石还寥寥无几。尤其引人注目的是，人们曾在格鲁吉亚（Republic of Georgia）发掘出5个匠人头骨。这些头骨有180万年的历史，也就是说，其年代与最早的非洲匠人头骨大致相同。我在美国自然历史博物馆（American Museum of Natural History）的同事、人类学家伊恩·塔特索尔（Ian Tattersall）一直认为，匠人和直立人在其生命历史末期至少经历过一次物种形成事件：直立人可能在亚洲活得更久，在欧洲则为另一个后代物种所取代。格鲁吉亚出现的新化石表明，直立人出现的年代可能比先前设想的还早。在40万年前到10万年前这段时间，欧洲的化石记录寥寥无几，但这些化石却展现出了明显的差异（见第78页图51）。无论如何，10万年前的尼安德特人已经在欧洲扎根。部分古人类学家仍然倾向于把尼安德特人归为现代人类的一个亚种，即“智人种尼安德特亚种”（*Homo sapiens neanderthalensis*），但毫无疑问，尼安德特人和现代人之间的差异远大于近缘物种之间通常存在的差异。虽然尼安德特人的平均脑容量比现代人略大些（前者为1 500~1 600立方厘米，后者为1 400立方厘米），但其大脑结构却和现代人有所不同：关于尼安德特人那种突出的眉脊、倾斜的前额形象，确实有一定的依据，但是尼安德特人并不是人们一直认为的弯腰驼背的野蛮人。我们的同类（即智人）额头很高，说明大脑的体积已经进一步扩大，也就是说，我们真的比尼安德特人“更有头脑”（见第98页图66）。

科学界再次就200万年以前非洲之外的物种数量问题爆发激烈争论。最近的一份研究报告称，虽然欧亚大陆发现了很多年代在上新世和更新世之间、解剖结构多种多样的人亚族化石，但它们基本都是同一物种的变种。与此同时，媒体也郑重其事地宣称，我们必须回到起点，重新审视我们人类自己的进化史。而部分古人类学家则宣称，他们对“混杂派”和“分裂派”之间无休止的争论感到厌倦。其中，“统合派”倾向于将广泛的变种归为同一物种，而“分裂派”则认为各个变种——尤其是处于不同时空的变种——属于独立的物种。

简直荒谬。这场争论与分类无关，关键在于如何理解形态（即遗传）多样性的组合问题，从而更好地理解进化的运作过程，更重要的是，它能让我们更好地理解进化如何孕育出各种各样的原始人类物种，并最终孕育出我们这些现代人类。在过去的150万年中，随着气候的波动和巨大冰原的消长，现在的欧洲和亚洲一定存在着不同的进化谱系（见第101页图67、第102页图68）。

弗洛勒斯人（*Homo floresiensis*）就是最生动的例子。2003年，这些人亚族化石出土于印度尼西亚弗洛勒斯岛（Flores）的洞穴，身高只有3英尺（约0.9米）。他们小小的颅骨容纳了一个容量约380立方厘米左右的大脑，和黑猩猩或南方古猿的大脑差不多大。他们约10万年前就开始在弗洛勒斯岛生活，并在约1.3万年前彻底灭绝，存在时间极其短暂（见第104页图69）。

当然，弗洛勒斯人到底属于哪个

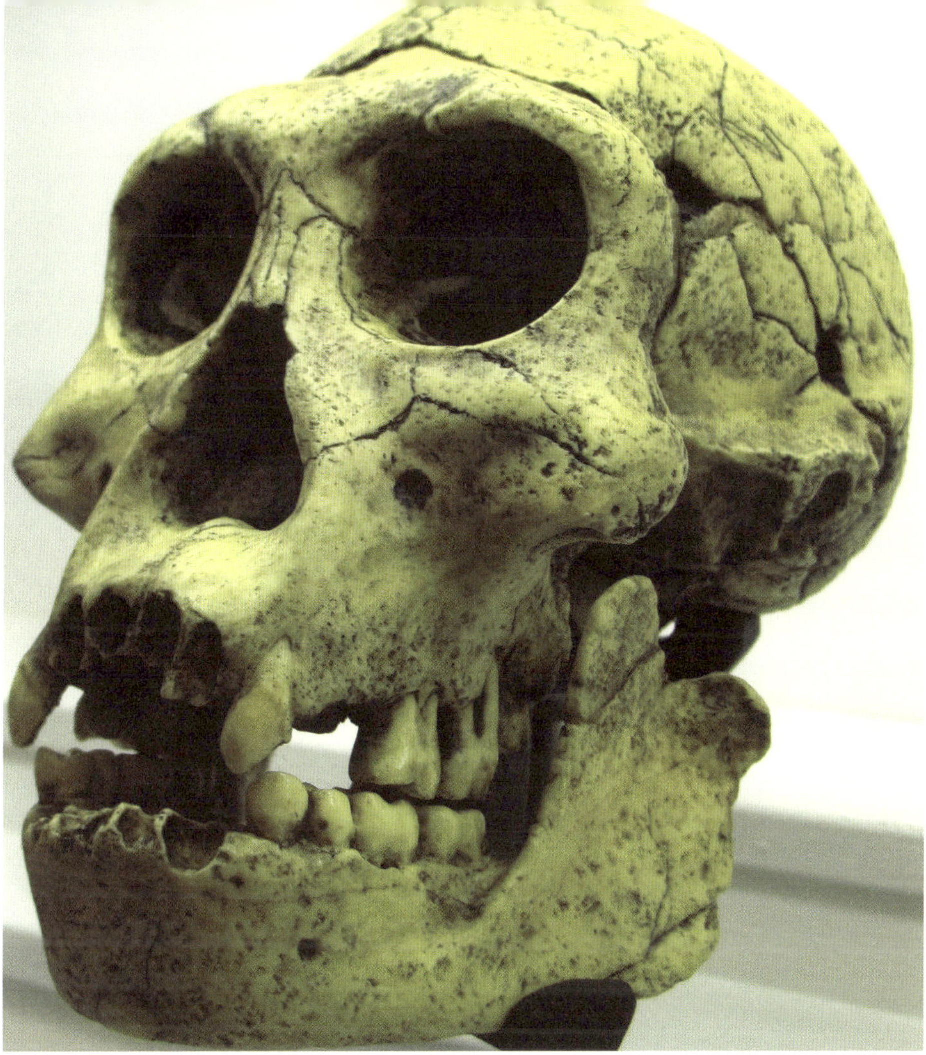

图67

格鲁吉亚原人（*HOMO GEORGICUS*），成年人亚族头骨，证明远古人曾出现在非洲之外的地区。

更新世早期（距今约177万年）。格鲁吉亚德马尼西（Dmanisi）。

德马尼西头骨证明，直立匠人到达欧洲的时间比人们以前推测的更早。然而，人们仍对其意义争论不休：它们难道代表了衍生出尼安德特谱系的物种形成事件？还是说，其证明了传统渐进论，说明人类同时在旧大陆各地逐步完成进化？在我看来，前者可能性更大。

来源：戴维·洛尔德基帕尼泽（David Lordkipanidze），格鲁吉亚国家博物馆（Georgian National Museum）。

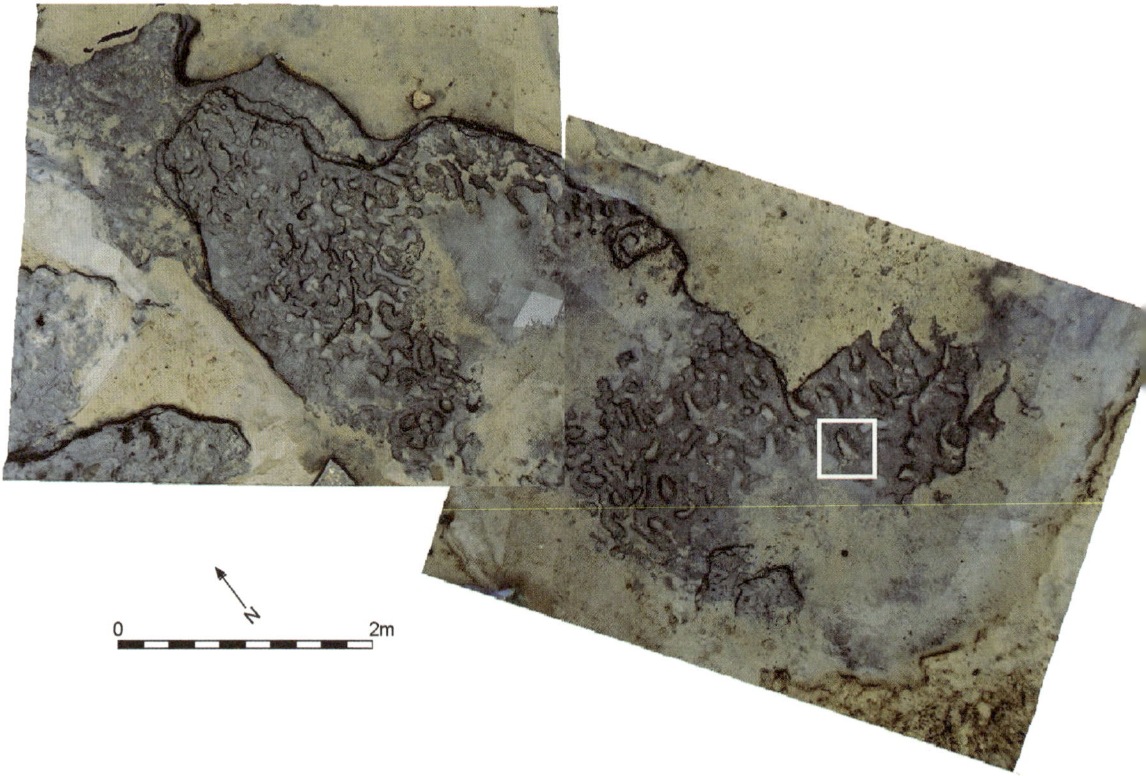

图68

人亚族脚印。

更新世早期（距今约85万年）。英国东安格利亚（East Anglia），黑斯堡（Happisburgh）。

2013年冬季的风暴冲走了松散的砾石和沙子，暴露出远古时代的海岸泥滩，上面印着150多个脚印，大约来自9名个体。这些脚印是北欧最古老的人类活动痕迹，而这些黑斯堡人亚族个体的足部尺寸、步态和身高估值则与海德堡人（即前人）相符（见第78页图51）。

来源：尼克·阿什顿（Nick Ashton），大英博物馆（British Museum）；脚印插图由约克大学（University of York）的萨拉·达菲（Sarah Duffy）提供。

物种，又如何出现在弗洛勒斯，这些问题也引发了争论。毫无疑问，其头骨和匠人类似，但有些科学家推测，他们是患有小头症的现代人（即智人）。还有人认为，他们患有其他的基因缺陷症。但如今，越来越多的古人类学家认为，弗洛勒斯人的异常是岛屿矮态的典型表现，这也是目前最简单且最具说服力的观点。实际上，弗洛勒斯人在弗洛勒斯岛生活期间，该岛曾在不同时期出现过两种体形很小的大象。进化所导致的岛屿矮态是一种常见现象，也是一种非常有趣的现象。这种现象似乎是食物资源的减少，或许还有其他因素引起的。所以人们暂且将弗洛勒斯人视为另一个从直立匠人谱系分化出的新物种。

与此同时，我们的智人同类也在20万年前出现了。他们长着高高的额头、发育良好的下巴以及小巧（即“纤细型”）的骨架。根据生化研究的预测，我们所有人共同的祖先或许是一位名为“夏娃”（Eve）的非洲女性，其生活的年代距今约14万年~20万年。之所以说“夏娃”是女性，是因为这项研究以线粒体DNA为基础，而线粒体这个所有动物细胞的动力工厂完全来源于母亲。最终，该预测得到证实：目前已知最古老的人类化石距今约19万年，而且确实生活在非洲（见第105页图70）。我们智人在4.1万年~4.4万年前来到欧洲，而智人的到来又与尼安德特人的消亡时间相吻合，我更倾向于认为，我们智人直接导致了这一独立物种的灭绝。大约3万年前出现的洞穴艺术就已经具有非凡的审美价值，这表明人类的创造潜力已得到充分发挥。

人类谱系与进化过程

人类进化的基本框架已经介绍完毕。很显然，人类谱系与其他生物一样，都是进化过程的产物。但是，我们自己的历史又将如何带领我们探索进化过程的本质呢？人类的进化过程是否更接近达尔文所描绘的缓慢、稳定且渐进的模式，是否为单向结构变化的逐步积累？还是说，它更接近间断平衡，即各个物种突然出现，且长期存在，几乎没有变化？这些问题的答案能够揭示适应性进化演变长期积累的本质。

正如人们猜测的那样，人类大脑在很多方面都与猿类有差异。然而，人们能通过化石推测出的可靠信息只有大脑的体积，其中既包括大脑的绝对大小（例如以立方厘米为单位来衡量的体积），也包括相对大小，即大脑与身体之间的比例（比如以磅或千克为单位来衡量的大小）。如果将现代人和猿类进行比较，就不免得出这样的结论：自从人和猿在700万~600万年前从共同的祖先那里一分为二后，人类大脑在进化中演变出的绝对大小和相对大小都比猿类大得多。

人们由此提出了一个重要的预测：从人类化石记录中应该可以找到大脑

图69

弗洛勒斯人

更新世后期（距今约1.8万年）。印度尼西亚弗洛勒斯岛梁布亚洞穴（Liang Bua）。

这个身材矮小的物种带有显而易见的原始特征，它似乎是岛屿矮态的典例。岛屿矮态现象不仅影响了这种先于智人出现的弗洛勒斯原始人亚族物种，还至少影响了两种在该岛生存的大象。

来源：彼得·布朗（Peter Brown），新英格兰大学（University of New England）。

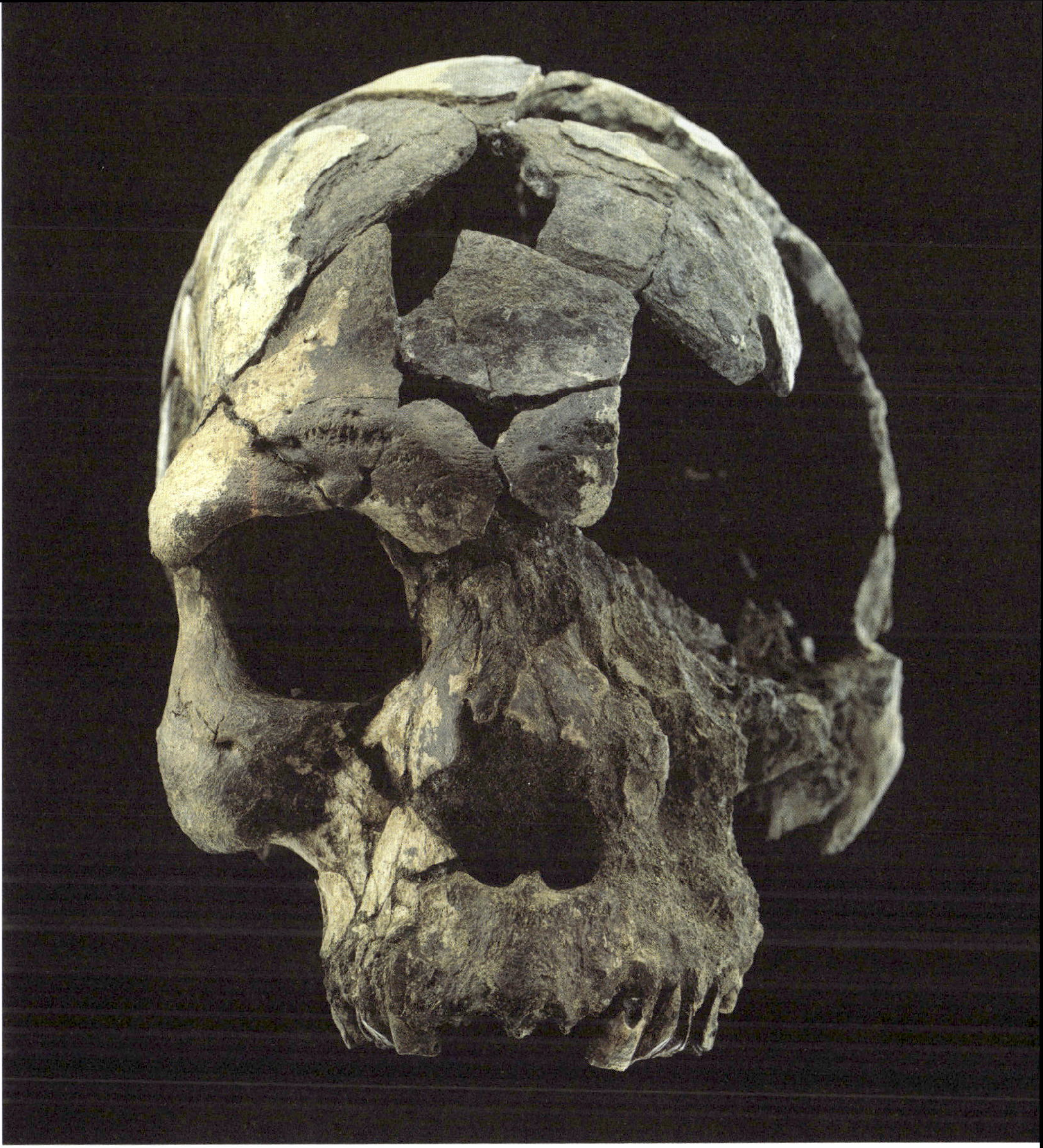

图70

长者智人（*HOMO SAPIENS IDALTU*），一种古老的智人。发现于1997年。

更新世后期（距今约16万年）。埃塞俄比亚阿瓦什中部，布里（Bouri）的赫托村（Herto）。

尽管长者智人具有原始特征，但人们仍然认为，该亚种是现代人的直属祖先。

来源：贝尔哈内·阿斯富（Berhane Asfaw），裂谷研究服务中心（Rift Valley Research Service）。

图71

乍得沙赫人（*SAHELANTHROPUS TCHADENSIS*），目前已知最古老的人亚族头骨。

上新世后期（距今约700万年）。乍得朱拉卜沙漠托罗斯美纳拉（Toros-Menalla）组。

这种原始人类祖先生活的年代非常接近黑猩猩与人类分化的时期。

来源：米歇尔·布吕内（Michel Brunet），法兰西公学院。

体积逐渐增大的趋势。事实正是如此：乍得沙赫人是人类谱系中最古老的成员，其大脑体积和黑猩猩不相上下（约320~380立方厘米），而阿法南方古猿的大脑只比黑猩猩稍大一些（380~430立方厘米）（图71）。跳过粗壮型南方古猿的旁支，接下来是能人（750立方厘米），然后是直立人（平均1000立方厘米），跳过尼安德特人旁支，最后就是我们智人自己，脑容量为1400立方厘米。预测再次得到证实：在人类进化的化石记录中，大脑的绝对大小和相对大小都展现出明确的增加趋势。与此同时，猿类的脑容量似乎一直停留在500立方厘米以下。

达尔文的观点可以很容易地解释这种趋势：随着地质年代的推移，自然选择在短时间内产生的微小变化会导致巨大的变化。不难想象，随着时间的推移，自然选择会增加大脑的容量：虽然大脑的体积与智力程度并非紧密相关，但毫无疑问，我们的智力远远超过了猿人。而且从技术发展的考古记录来看（这只是衡量人类智力和文化复杂性的一个简单易行的标准），在过去的400万年中，人类的智力无疑在不断提高。

如前所述，相比之下，间断平衡对进化过程的描述截然不同。如果在首次进化后，物种的形态总体保持稳定，而且大多数进化演变与实际的物种形成（即新物种从原始物种分离出来的过程）同时发生，那么生物的解剖结构就不一定会朝着某种特定的、具体的方向累积。例如，在特定的物种分化事件中，大脑的体积不一定会增加，甚至理论上还可能缩小，比如在人类进化的物种分化过程中，如果人的整体体形缩小，那么大脑的体积也会随之缩小。以弗洛勒斯人为例——这种史前人类身高约为0.9米，大脑也只和黑猩猩或南方古猿差不多大。这个矮小的物种生活在更新世晚期，距离我们现在所处的全新世并不遥远，有人认为，从解剖结构来看，弗洛勒斯人属于早期智人，也有人认为，它们有可能与我们同属智人。而我则确信，它们一定是早期智人，是岛屿矮态的体现，而体形缩小以后，其脑容量也随之缩小。

换句话说，重复发生的物种形成事件不会让物种朝着某个单一方向进化演变。与达尔文渐进论不同的是，间断平衡理论预测，物种谱系的进化史不一定、甚至通常不会呈现方向性趋势。实际上，虽然目前还没有人围绕这一问题对足够多的化石谱系展开实际调查，但很可能多数谱系都不会呈现明显趋势。

不过，有些物种确实会沿着某个方向逐步进化——人类脑容量在进化过程中逐步增大就是一个明显的例子。但化石记录显示，单一的人类物种往往会呈现稳定性。100多万年来，直立人的平均脑容量一直维持在1 000立方厘米，最多只是略有增加。显然，至少就目前来看，各种南方古猿也是如此。研究数据也表明，在过去10万年里，我们智人的脑容量似乎并未增加。同一物种脑容量维持不变的现象似乎表明，物种内部存在稳定性，然而，在过去六七百万年的人类进化过程中，脑容量却是变化最大的显著特征之一！一边是进化停滞和物种形成理论，另一边是真实存在、长期积累的方向性变化——即人类进化过程中脑容量不断增大的趋势——两者之间的冲突该怎样调和？尼安德特人的平均脑容量要比我们智人更大一些，但相比之下，智人的前脑更大，也就是说，我们的认知能力比尼安德特人更强。

1972年，我和古尔德在关于间断平衡的论文中提出，进化趋势可能由某种类似自然选择的宏观过程引起，但该过程直接作用于物种层面。自然选择作用于物种内部生物个体之间的变异。生物的生存能力会影响其繁殖成功率，所以通常来看，相比于生存能力较弱的同类，能力更强的个体往往会留下更多后代。我和古尔德认为，其他类似因素也可能影响整个物种生存繁衍的相对优势：有些物种可能比其他物种更容易灭绝，或者留下更多“后代”。值得一提的是，也许在某一过程中，具有某些特征（如脑容量更大）的物种可能会比其他物种更有优势。1975年，史蒂文·斯坦利（Steven Stanley）提出了“物种选择”概念，相比之下，这种选择过程作用于进化谱系中物种之间的变异。该理论认为，有些因素可能会让不同物种的生存率有所差异，也就是说，有些物种可能比其他物种生存能力更强。

物种选择是从间断平衡的一般概念中引申出的附加概念之一。物种选择的确切定义和实际运作方式仍是进化生物学界持续争论的话题。但目前已有很多真实存在的进化模式证明，随着时间的推移，近缘物种确实可能走向不同的命运。经过筛选后，有些物种彻底灭绝，另一些则继续生存；有些会产生后代，另一些则不会。一定有某些因素在影响着物种的诞生和消亡，其中有些因素还可能影响物种的生存率，从而让整个谱系的进化历史呈现某种线性的方向性趋势。

而对于人类的化石记录，我们不妨假设自然选择会在适当条件下扩大人类的脑容量。然而，在所有原始人类物种存在的绝大多数时间里，大脑体积似乎一直保持稳定。这些物种通过身体结构和社会文化的适应性改变满足了环境条件的要求，尽管气候出现了巨大波动，但它们仍能保持长期稳定。比如，直立匠人就成功适应了动荡的环境，并在地球上生存了150万年之久。

但很明显，在物种形成过程中，偶尔也会出现颅容量更大的后代物种——这可能意味着新物种智力更高，文化能力范围也更大。现代人是专才和通才的巧妙结合。我们的“专精”特征少之又少，但这些特征却至关重要，比如，我们的手指可以对握，从而实现精细操作，除此之外，我们还可以用双足行走。另外，我们还有极强的立体感和极高的智力，因而具备了强大的能力：文化也已成为我们适应环境的基本方法，让我们轻松摆脱了狩猎采集者的原始生活方式。而从生理上看，我们仍然是优秀的“通才”，比如，我们并非专食者，而是杂食动物。几乎显得有些讽刺的是，我们的文化是进化过程中产生的专业化特征，让我们以极大的灵活性面对环境的挑战；实际上，正是这种专业化特征增强了我们的生态普适性（图72）。

能够适应多种生态环境的近缘物种很少并存（第五章将对此展开详细讨论）。在早期人类进化过程中，我们这一谱系只出现过一次物种并存现象，其中至少有一个物种（即某一粗壮型南方古猿）依赖特定环境，因为特化的牙齿使其只能以草为食。虽然我们曾在近东地区与尼安德特人共存过一段时间，但我们到达欧洲后，尼安德特人很快就消失了。归根结底，为了在竞争中取

图72

纳莱迪人（*HOMO NALEDI*）颅骨——“礼物”（NEO）。

更新世（距今约25万年）。南非升星岩洞系统的勒塞迪地洞（Lesedi Chamber, Rising Star cave system）。

尽管纳莱迪人颅骨和骨架的原始特征与距今200万年的化石标本类似，但其年代与脑容量更大的现代人首次出现的年代相同。

来源：威斯康星大学的约翰·霍克斯（John Hawks, University of Wisconsin）。

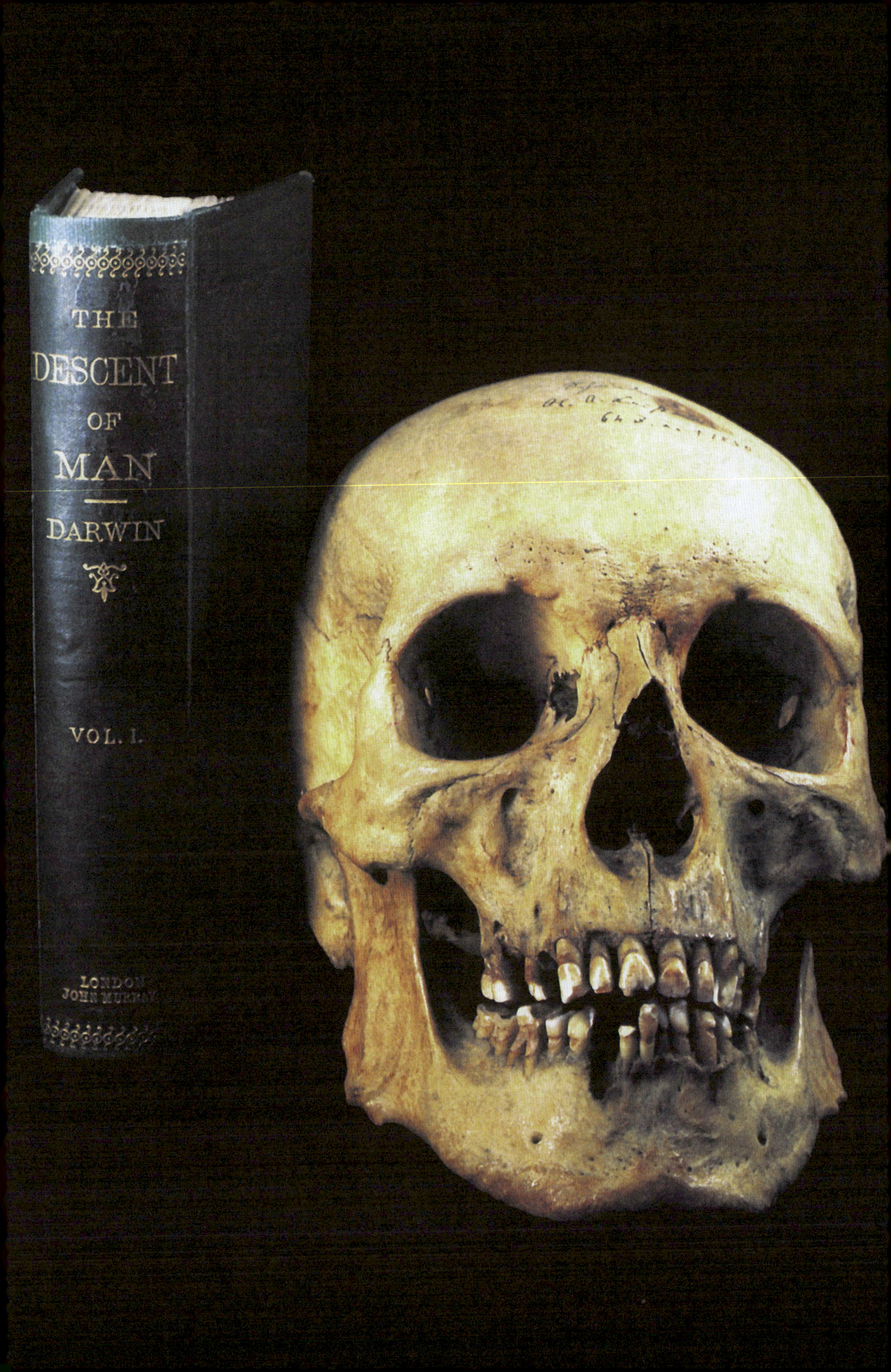
THE
DESCENT
OF
MAN
DARWIN
VOL. I.
LONDON
JOHN MURRAY

胜，“通才”往往不会与其他物种共享生态资源：一个通才总会把另一个（近缘）通才挤走，因为二者都想要同样广泛的资源。相比之下，不同的“专才”需要的是不同的资源，所以更容易和平共处。

然而，适应性变化往往在物种演化过程中出现，生态位与亲代物种不同的新生物种更有可能获得生态立足点，从而存活下来。如前所述，自然选择可能倾向于提高物种的脑容量、智力和文化能力。在我看来，和其他物种一样，人类进化史涉及一系列的物种形成过程。如果在此过程中出现了适应性变化（主要是脑容量增加，即文化能力提高），那么新生物种的生存概率就会很高。必要时，它们甚至会在竞争中战胜亲代物种。

在人类进化过程中，物种形成就像棘轮，只能向一个方向转动——有了它，自然选择就能提高生态隔离种群的脑容量。新物种具有卓越的文化能力，即关键生态适应特征的核心，所以必然能在自然环境中生存繁衍。因此，正如人们预测的那样，人类脑容量在进化过程中迅速增长（图 73）。

图73

智人，现代头骨，旁边是查尔斯·达尔文著作《人类的由来》的原版重印本。

在《物种起源》中，达尔文只能温和地指出，其进化观点“有助于”探究人类自身的起源。而在《人类的由来》中，他完整地阐释了这一论点，明确且彻底地将智人与其他现存生物的进化历史联系在一起。这种早期人类生活的年代非常接近人类与黑猩猩分化的时期。

第五章

活化石

图74

印尼矛尾鱼（*LATIMERIA MENADOENSIS*），一种印尼腔棘鱼。

现代，印度尼西亚苏拉威西省万鸦老图阿岛（Manado Tua Island, Sulawesi）。

1938年，一位渔民在印度洋科摩罗群岛海岸捕获了一条腔棘鱼，此前，人们一直以为这种鱼在6 600万年就灭绝了。1997年，人们又在距离此地约8 046千米的印尼万鸦老图阿岛附近发现了另一种腔棘鱼。

来源：保护国际（Conservation International）的马克·埃德曼（Mark Erdmann）。

图75

水神鱼（*UNDINA PENKILLATA*），一种腔棘鱼。

侏罗纪后期（距今约1.5亿年），德国巴伐利亚索尔恩霍芬石灰岩。

腔棘鱼起源于泥盆纪，在整个中生代几乎都没什么变化。

每隔一段时间，新化石就会作为重大发现登上报纸版面。我们可能会看到，非洲又发现了人类化石，世界各地不断出现新奇的恐龙化石。实际上，古生物学家发掘出的新物种简直无穷无尽、无所不包，而这些最引人注目（也是最有新闻价值的）发现只是其中的冰山一角。

和已灭绝的物种相比，我们对仍在地球上生活的物种更加熟悉。然而，现代生物世界偶尔也有令人惊奇的发现。1938 年，一位渔民在南非海岸捕获了一条巨大的黑鳞鱼，这条鱼和他之前见过的都不一样。生物学界通常不会关注这样的奇闻，好在渔民对自己猎物充满好奇，最后，这条鱼引起了当地博物馆馆长玛罗丽·考特内－拉蒂迈（Marjorie Courtenay-Latimer）的注意。她发现这条鱼和现存的所有鱼类都不一样，却能让人联想到某些灭绝鱼类的化石。查阅相关文献后，玛罗丽很快发现，这种鱼（也就是后来的西印度洋矛尾鱼，即 *Latimeria chalumnae*）正是一种活体腔棘鱼——在此之前，人们一直以为腔棘鱼大约 6 600 万年前就已灭绝了（见第 112 页图 74）！

这一发现让动物学家和古生物学家大为震惊。腔棘鱼的进化史非常漫长。它们起源于泥盆纪中期，在整个上古生代大量繁衍，度过了划分古生代和中生代的大灭绝事件，在三叠纪形成了多样化的种群，一直存活到白垩纪末期（图 75）。但我们之前掌握的信息显示，它们和恐龙等中生代生物一样，在大灭绝事件后彻底销声匿迹。目前化石记录中年代最近的腔棘鱼是距今 7 000 万年的白垩纪大盖鱼（*Cretaceous Macropoma*），从很多方面来看，其外形都酷似矛尾鱼（*Latimeria*），只不过前者体长不足 30 厘米，后者长达 122 厘米，体形相差悬殊（见第 116 页图 76）。

腔棘鱼是肉鳍鱼类，其近亲是已灭绝的扇鳍鱼，大多数古生物学家认为，扇鳍鱼是与两栖动物亲缘关系最近

图76

阿克塞罗德氏空棘鱼（*AXELRODICHTHYS ARARIPENSIS*），一种腔棘鱼。

白垩纪早期（距今约1.15亿年），巴西。

从化石记录来看，腔棘鱼在白垩纪后消失，直到现代，人们才在南非海岸捕捞到活体矛尾鱼。

图77

哈伦氏腕足动物（*OLENEOTHYRIS HARLANI*），一种穿孔贝科腕足动物。

古新世中期（距今约6000万年），美国新泽西新埃及（New Egypt, New Jersey）。

哈伦氏腕足动物与一种现代有铰类腕足动物极为相似，如今，有铰类腕足动物仅余两种。

的物种，而两栖动物则在泥盆纪中期或后期成功登陆。还有动物学家认为，肺鱼才是陆生脊椎动物的近亲。和腔棘鱼一样，肺鱼至今仍然存活，在澳洲、南美洲和非洲各有一科。同样，肺鱼的历史也可以追溯到泥盆纪，距今约 3.85 亿年。到了泥盆纪后期，肺鱼分化出多种多样的形态，其中包括活泼敏捷、善于捕食的弗勒朗鱼（*Fleurantia*），它们看起来更像凶猛的鲭鱼，不像如今的肺鱼。泥盆纪以后，肺鱼数量锐减，但它们仍然存活至今。

但和矛尾鱼相比，肺鱼的出现少了些戏剧色彩：在人们发现肺鱼化石并仔细研究之前，现代肺鱼就已为人所知。相反，在渔民意外捕获矛尾鱼之前，人们完全要通过化石来了解腔棘鱼的一切。但第一条矛尾鱼现身以后，人们再也没在南非海岸附近看到过这类鱼的踪迹。好在动物学家最终发现，就在位于非洲东北方 1 500 英里（约 2 414 千米）、靠近印度洋马达加斯加西北海岸的科摩罗群岛（Comoro Islands），渔民们会不定期捕捞到矛尾鱼。如今，当地渔民已经能熟练捕捉这种极受欢迎的鱼类，据说该物种正因此面临灭绝的危险。对于该谱系唯一一个在经历漫长岁月后侥幸存活的物种而言，这种境况真是莫大的讽刺！

矛尾鱼和肺鱼只是“活化石”中比较著名的两个物种。其中矛尾鱼尤为典型，简直像化石突然“复活”了一样。实际上，“活化石”一词的适用范围相当广泛，并没有严格的定义。但一般来讲，活化石与其封存在化石中的祖先非常相似。（见第 116 页图 77）它们有一种中生代甚至古生代的“气质”，古老的外表让人印象深刻。岁月似乎在它们身上停滞，进化的魔法也就此失灵，它们似乎仍是远古时代的古老生命。

一般来说，生物的古老结构保存至今也不足为奇（见第 118 页图 78、第 119 页图 79）。进化不只是新形式取代旧形式的“进步游戏”（见第 120 页图 80、第 121 页图 81）。有些谱系会呈现渐进趋势，如第四章所述，在人类进化过程中，多数时候都是脑容量更大的物种得以存活，脑容量较小的逐渐淘汰。然而，细菌却没有被真核藻类等更像动物的单细胞生物取代。后来兴起的多细胞动植物也没有挤走微生物世界的成员。此外，在进化过程中，有些结构必然会比其他结构变得更快：如前所述，人类在进化早期就开始用双足行走，相比之下，大脑体积的增长则是极为缓慢的积累过程。而且从很多方面来看，我们现代人与人猿分化之前的祖先物种几乎没有区别：实际上，我们与黑猩猩的基因重合度高达 98.5%，这一数据足以说明问题。

这正是达尔文用来论证“进化必然存在”的论据：“后代渐变”会产生一种嵌套的相似模式，将所有生物联系在一起。两个物种亲缘关系越近，它们

图78

银锦蛤（*NUCULOIDEA DECEPTRIFORMIS*），一种原鳃双壳类软体动物，也叫"胡桃蛤"（NUT CLAM）。

泥盆纪中期（距今约3.8亿年），纽约莫里斯维尔（Morrisville）。

原鳃亚纲是双壳类动物的原始类型。

图79

华美真胡桃蛤（*ENNUCULA SUPERBA*），一种胡桃蛤属动物。

现代，澳大利亚班达伯格（Budaberg）。

自古生代以来，胡桃蛤几乎没有变化。

图80

鸭嘴海豆芽（*LINGULA ANATI-NA*），一种无铰类腕足动物。

现代，菲律宾。

这种动物生有长而柔软的肉足，可以通过收缩肉足将自己拉入海床。

图81

舌形蛤（*LINGULA QUADRATA*），一种无铰类腕足动物。

奥陶纪中期（距今约4.6亿年），纽约特伦顿瀑布。

无铰类腕足动物壳内侧的肌肉附着点细节表明，现代舌形贝与其古生代祖先几乎没有区别。

之间的相似度就越高。但这就意味着所有生物都存在某些共性。事实也的确如此：所有生物都有 RNA，这种信息分子对 DNA 转录和蛋白质的合成至关重要。几乎所有生物的基因序列都包含“泛素”。从本质上讲，我们哺乳动物的细胞结构也与玫瑰的植物细胞结构基本相似。与此同时，所有哺乳动物也都有毛发。一旦进化过程中出现了某个性状，它可能在很长时间内都没有太大变化，因此也会遗传给所有后代。但这些只是生物体的一部分而已。

“活化石”的经典案例展现了一种更为普遍的保守性：若是将现存生物体与其封存在化石中的远古祖先进行比较，我们几乎找不出二者之间的差异。活化石就是进化稳定性的极端体现（见第 123 页图 82、第 125 页图 84 和图 85）。从进化演变的速度和程度来看，活化石就处于速度最慢、程度最低的一端。与之相反的是致病葡萄球菌、耐药葡萄球菌、疟疾病原体和导致艾滋等可怕疾病的逆转录病毒，这些生物可变性极强，至少在短期内，其进化演变速度极快。那么我们不禁要问：是什么导致了巨大的进化速度差异？为什么有些谱系在数千万甚至数亿年间几乎保持不变，而大多数谱系却进化迅速，还在进化过程中积累出显著的变化？

适应与活化石

鲎又名马蹄蟹，是典型的活化石。古生代海洋曾包含种类繁多的生物，后来均已销声匿迹，鲎则是最后的幸存者。它绝不是真正的螃蟹，而是蜘蛛、螨虫、蜱虫和蝎子的远亲，显然属于陆生节肢动物。19 世纪末，人们发现鲎缺少昆虫和甲壳动物特有的触角（昆虫和甲壳动物包括螃蟹、龙虾和藤壶等，多为海洋生物，但也有例外）。从这一点来看，鲎更像蜘蛛和蝎子。但最关键的是，和所有蜘蛛、螨虫、蜱虫和蝎子一样，北美东部的美洲鲎（*Limulus polyphemus*）及其亚洲水域的近亲都在口器周围长了一对钳角（即“螯肢”）（见第 125 页图 85）。螯肢其实就是螯肢亚门的标志性特征，所以鲎身上的螯肢表明，它们绝不是真正的螃蟹，而是和蜘蛛及其近亲一样，属于螯肢亚门。由此也可推知，从古生代中期近岸海道留下的海洋沉积物中可以找到陆生蝎子和蜘蛛的祖先化石。现存的鲎共有 4 种。奇怪的是，它们都生活在欧亚大陆和北美大陆这两个北半球大洲的东部边缘。实际上，这 4 种鲎并没有太大区别。

鲎的历史丰富多彩。和肺鱼一样，鲎进化后不久，便在古生代呈现出多种多样的形态。几年前，我有幸在办公室里看到了一只保存极为完好的早期鲎标本。这个标本是旅居国外的美国学校管理员莱格兰德·史密斯（LeGrand Smith）牧师带来的，他一直在玻利维亚拉巴斯（La Paz）附近工作和生活。莱格兰德是一位狂热的古生物学爱好

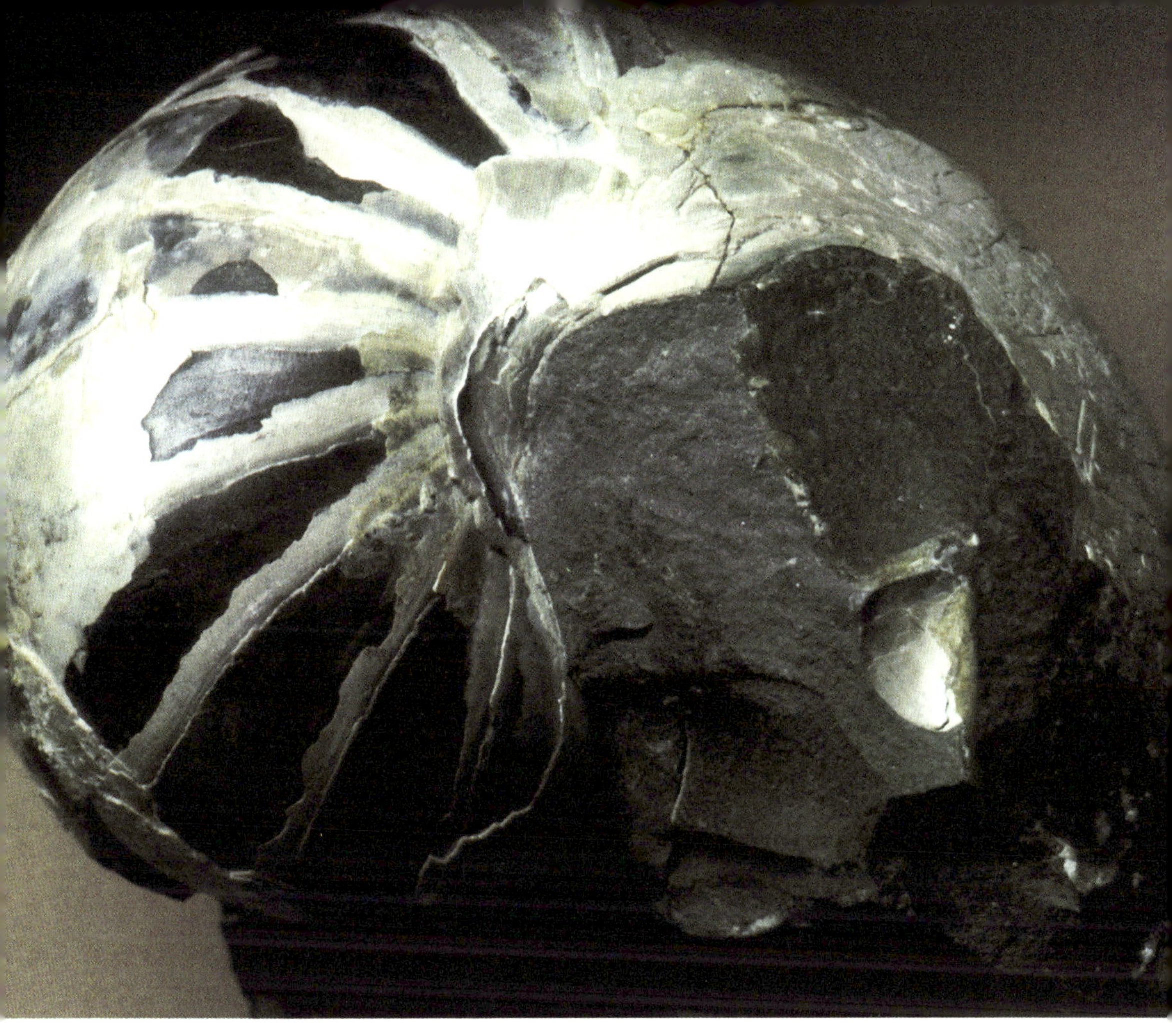

图82

德克扩厚角石（*EUTREPHOCERAS DEKAYI*），头足纲鹦鹉螺亚纲软体动物。

白垩纪后期（距今约8000万年），南达科他州。

该标本展示了德克扩厚角石壳内的分隔结构，其中原本的珍珠母（即珠母层）保存得极其完好。

图83

珍珠鹦鹉螺（*NAUTILUS POMPILIUS*），头足纲鹦鹉螺亚纲软体动物。

现代，西太平洋。

作为经典的活化石，现代鹦鹉螺与其新生代、中生代乃至古生代祖先极为相似。

图84

卵形小皿贝（*TRYBLIDIUM OVATA*），单板纲软体动物。

展现壳内肌肉附着痕迹的铸模。

奥陶纪早期（距今约4.8亿年），佛蒙特州卡辛堡（Fort Cassin, Vermont）。

单板纲是软体动物门中最原始的纲。人们曾以为该类群已在中泥盆纪末期彻底灭绝，但在20世纪50年代，人们又在深海发现了现代新碟贝属（*Neopilina*）动物，它们与生活在奥陶纪的卵形罩螺极为相似。

图85

美洲鲎（*LIMULUS POLYPHEMUS*），一种鲎。

现代，马萨诸塞州楠塔基特（Nantucket）。

美洲鲎是现存的4种鲎之一，分布在大西洋沿岸，从新斯科舍（Nova Scotia）向南延伸到尤卡坦半岛。

来源：乔索维（Chosovi）。

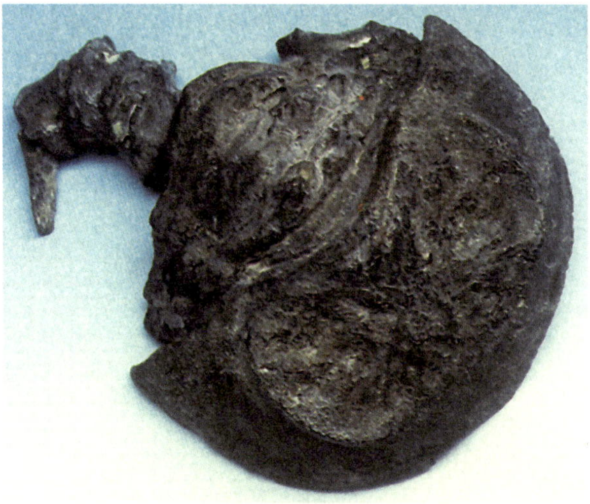

图86

莱格兰德-隆巴尔迪鲎（*LEGRANDELLA LOMBARDII*），原始节肢动物，鲎的近亲。

泥盆纪早期（距今约3.9亿年），玻利维亚。

该物种后体部的节片仍是独立的，与三叶虫类似，不像进化程度更高的鲎那样长着融合的固体板状结构。

者。如今，像他这样的古生物学“发烧友”已经成千上万，他们不断推动着学界的发展，作用不容小觑。化石就像浆果——浆果在秋天成熟，是鸟类和哺乳动物渴望的美食，当然，我们人类也是觅食者之一。在进化过程中，浆果变得越来越诱人，如此一来，它们的种子就能从母株散播出去。如果人和动物都不吃浆果，它们就会在藤上腐烂。同样，有数十亿化石通过风化作用暴露于地表，如果不被了解其潜在价值的有心人发现，它们就会像浆果一样分解“腐烂”。

20世纪70年代初，史密斯将早期鲎标本带到美国自然历史博物馆，即使以鲎的标准来看，这件标本也非常原始（图86）。现代鲎有着巨大的新月形（即马蹄形）头胸部（或称“前体部”），一双复眼由数百个独立透镜组成，酷似小珠，又圆又亮。是动物界中最接近“珠状”的眼睛。头胸部下方是6对用于行走的附肢。身体中部有一块融合而成的板状区域，下面就是它的鳃。身体末端是一根长长的、看起来极为危险的尾节——令人惊讶的是，这根尾节没有毒刺。实际上，这根尾节的作用在于，当鲎不小心翻倒时，可以利用这根尾节翻转回来。如果没了尾节，鲎就只能仰躺在海底，徒劳地挥动附肢，最后必死无疑。

与现代鲎截然不同的是，这块玻利维亚化石的头胸部有一双巨大的月牙形眼睛。另外，其身体中部并不是一块融合板，而是一系列节片，和三叶虫非常相似，有了这种结构，鲎就能卷成球状。若是对光观察幼鲎蜕下的薄壳，往往可以看到原来那些独立节片留下的微弱痕迹，如今，它们已融合在一起，成为一块坚固的硬板。而在玻利维亚化石中，节片后方还拖着一条标志性的尖尾，看起来和现代鲎的尾节一样。

这件标本的年代在泥盆纪早期，距今约3.9亿年——顺便说一句，我将其命名为莱格兰德-隆巴尔迪鲎（*Legrandella lombardii*），一来是纪念其发现者莱格兰德·史密斯，二来也是纪念技术人员弗朗克·隆巴尔迪（Frank Lombardi），是他费尽千辛万苦，将标本从岩石基质中取了出来。鲎起源于约4.5亿年前的奥陶纪，具体细节已模糊不清，而有了莱格兰德-隆巴尔迪鲎和其他收集到的标本，我们可以进一步了解原始鲎的进化细节，除此之外，欧洲和北美地区的岩石中也出现了很多形态奇特但尚未研究透彻的古老生物，莱格兰德-隆巴尔迪鲎等化石也有助于揭示其进化过程。

不过到了泥盆纪后期，鲎已经将身体中部融为一体。新时代已然来临。在孕育出全球大部分煤炭资源的巨大沼泽矿床中，身体中部明显呈圆形的小鲎相当常见。显然，这些小小的优原穴鲎（*Euproops*）已经习惯了淡水环境，甚至可能已经走出水面、呼吸空气，它们开始呈现出现代鲎的模样。（图87）但事实证明，这些生活在煤炭沼泽的鲎只是生命演化中的另一条分支。如人们所料，现代鲎真正的前身生活在海洋之中。正是在这些生物身上，我们看到了与大盖鱼和矛尾鱼类似的对应关系。宾夕法尼亚纪（约3.1亿年前）的一种古鲎（*Paleolimulus*）和现在的美洲鲎非常相似（见第128页图88）。这两种鲎和大盖鱼与矛尾鱼一样，乍一看只有体形相差悬殊——现代鲎的体形比目前发现的所有古鲎标本都大好几倍——除此之外，二者几乎没什么区别。这就是鲎的全部进化过程：形似飞翼的三叠纪澳洲鲎（*Austrolimulus fletcheri*）（图89）是唯一的“异类”，除此之外，鲎的进化过程平淡无奇，且非常缓慢，迄今已持

图87

优原穴鲎（*EUPROOPS DANAE*），橡胶铸模和石膏模型。

后石炭纪中期（距今约3.1亿年），伊利诺伊州（Illinois）。

该物种生活在淡水煤沼中，并不是现代鲎的直接祖先。

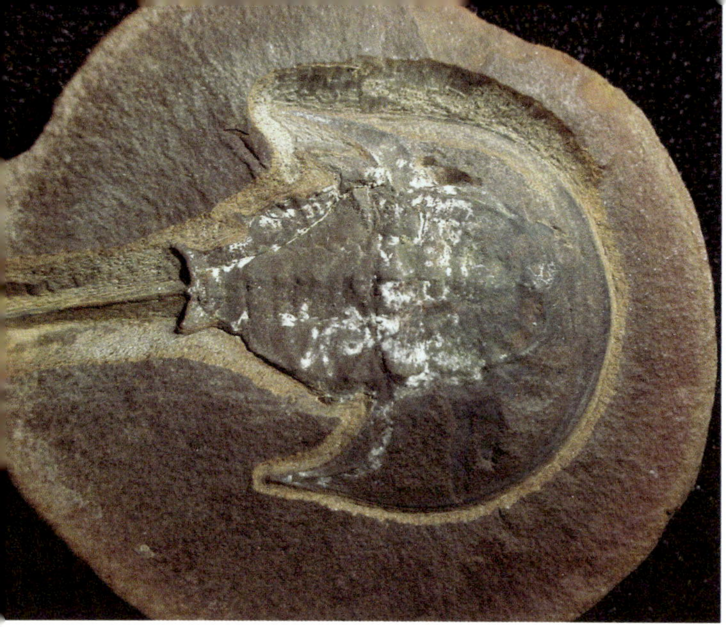

图88

一种古鲎，该化石保留了鲎的足部，实属罕见。

后石炭纪中期（距今约3.1亿年），伊利诺伊州马荣溪化石群（Mazon Creek）。

该物种与现代鲎密切相关，几乎就是现代鲎的缩小版。

来源：化石论坛（The Fossil Forum）。

图89

澳洲鲎（*AUSTROLIMULUS FLETCHERI*），一种形状奇特的鲎。

三叠纪（具体年代不详），澳大利亚悉尼附近。

目前来看，澳洲鲎是唯一一种和常见形态差别较大的鲎。

续了约 3 亿年。

鲎的行为和生态位有助于解释其极端保守进化的原因。当人类制造污染、使环境条件远远超越大多数物种的承受极限时，鲎也是最后一个被迫离开河口的物种。而这正是关键所在。

鲎是生态上的泛化种，是“通才”：它们可以承受自然和人为造成的各种条件。作为海洋生物，它们能忍受盐度的大幅波动，既能适应含盐量较高的水体环境，又能适应海河交汇处典型的半咸水河口环境。为了到沙滩的巢穴中产卵，鲎需要离开海洋，所以从某种程度上讲，它们也能暴露在空气之中。鲎的生命力非常顽强，据说就算被困在离自然水域很远的地方，暴露在烈日之下，它们也能陆地上徘徊数日。其能够忍受的温度和氧气浓度范围极广，令人印象深刻。除此之外，其食物来源也多种多样：鲎能捕捉蠕虫和小型软体动物，用附肢基部将其切碎并碾成细末，然后送入口中。与此同时，它们还能靠捡拾海底残渣维生。总之，鲎顽强的生命力令人咂舌（见第 130 页图 90）。

如第四章所述，鲎这种顽强的生命力及其无所不能的特性解释了其在数亿年的进化过程中保持稳定、维持原状的原因。从生态学角度来看，“通才”物种一般不愿和近亲共享栖息地资源。近缘物种若在同一地区共存，往往会以不同的方式适应环境。这种现象在动物觅食过程中尤为明显，比如，狐狸、郊狼和狼可能会在同一地区生活，但其主要食物来源各不相同。尽管郊狼和狐狸的饮食偏好可能有所重叠，但二者的“主食”并不一样：狐狸主要以田鼠为食，而郊狼则更擅长捕食兔子。从某种程度上讲，这些物种都很专一，它们不会吃一模一样的食物，从而避免了竞争（见第 131 页图 91）。

而“通才”觅食者却并非如此，它们几乎找到什么就吃什么。幼年鲎可能没有力气敲碎体格较大的蛤蜊，但成年鲎却不会受到这种限制，除此之外，它们几乎还能将海床表面或海床以下的无脊椎动物一网打尽。有了这样一个来者不拒的觅食者，就真的没有第二个物种的生存空间了。与之关系密切、生态位相似的物种可能很难找到立足之地。所以生态“通才”并没有“分享”资源的倾向。

一个多世纪以来，古生物学家已经意识到，生态“通才”往往分布范围广泛，能出现在多种环境之中，而且很有说服力的一点在于，这类“通才”比“专才”生存时间更长。物种灭绝过程直接表明，一个物种的生态灵活性越强，就越有可能在环境变化时找到合适的栖息地。如前所述，这是生存的基础——而且在此过程中，生物不会出现明显的进化演变。

此外，物种的特化程度越高，就越难在环境不断变化时找到合适的栖息地。因此，最脆弱的就是食物来源单一

图90

封存在波罗的海琥珀中的蟑螂。

始新世（距今约4 500万年），俄罗斯加里宁格勒州。

石炭纪（距今3.592至2.99亿年）有时也叫“蟑螂时代”，因为当时蟑螂大量繁衍。现代蟑螂与其祖先几乎没有区别。

来源：安诺斯·莱特·达姆高（Anders Leth Damgaard），丹麦哥本哈根。

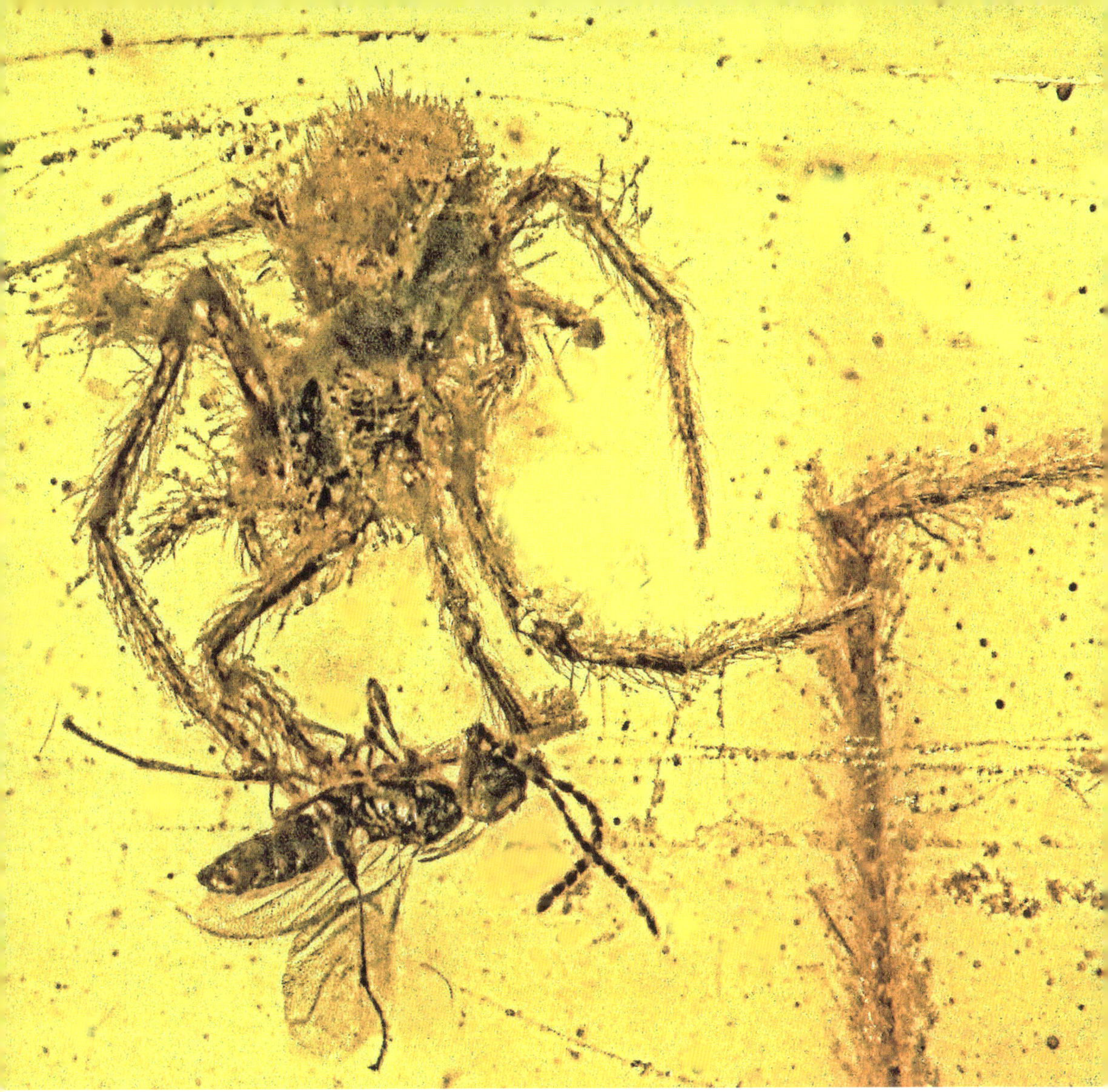

图91

一只缅甸园蛛（*GERATONEPHILA BURMANICA*）正在攻击一种黄蜂（*CASCOSCELIO INCASSUS*）。

白垩纪早期（距今约1.4亿年），缅甸胡康河谷（Hukawng Valley，Myanmar）。

这是一块来自恐龙时代的稀有琥珀，定格了蜘蛛捕获黄蜂的精彩瞬间。

来源：俄勒冈州立大学（Oregon State University）的乔治·波纳尔（George Poinar, Jr.）。

的物种。比如，寄生虫通常只有一个宿主物种——只要宿主存活，这种特性就有利于生存。从生态和进化角度来看，利用丰富的单一资源不失为合理的选择。但这种策略只有在资源仍然可用时才有效，要想采用这种策略，就要承受较高的灭绝风险。自然规律表明，生态特化物种的灭绝率远高于生态泛化物种。这也体现了一种平衡：自然选择往往会产生生态特化种，因为相比于泛化物种，它们往往能在短期内发展壮大。但与此同时，灭绝过程又会不断削减特化生物的数量。因此长远来看，泛化物种得以存续，而特化物种的队伍则会随着新物种的不断进化而迅速得到补充。

然而，我们还没有完全解开活化石之谜。毕竟，没有人说现代美洲鲎本身可以追溯到泥盆纪。实际上，鲎的皮质骨骼不利于化石的形成，迄今为止，人们还没有发现真正的美洲鲎化石标本（虽然第三纪岩层中出现了非常相似的物种标本）。整体来看，与“专才”相比，生态“通才”的灭绝概率更低，但这并不是全部的答案。活化石往往是生

图92

***METACRYPHAEUS TUBERCULATUSM* 化石，一种三叶虫节肢动物的正型和反型化石标本。**

泥盆纪早期（距今约3.9亿年），玻利维亚。

这一常见物种靠近某个快速进化且可能高度特化的三叶虫谱系根源，与第135页图93、图94和第138页图96所示的三叶虫源自同一祖先。

态“通才”，所以在同一时期，其所属谱系通常只有极少的物种能存活下来。与特化物种形成的谱系相比，泛化物种形成的谱系很少出现新物种。

此时，生态行为再次解释了特化物种形成频率远低于泛化物种的原因。泛化物种不愿与近亲共享生存资源的倾向让新的后代物种难以找到生态立足点。如果新物种的生态位与亲种有所区别，其生存概率就更大。但从泛化物种衍生出的新物种一般也是“通才”。它们几乎没有生存的机会，多数情况下，它们根本找不到生态立足点（见第 132 页图 92）。

相比之下，特化物种的后代似乎更可能依靠亲代物种未完全开发的资源。新物种形成区域通常靠近其亲代物种分布区的边缘。对亲代物种而言，栖息地边缘并不是最理想的家园，所以新物种若能适应该区域的条件，生存概率就更大一些——也就是说，新物种可以将亲代物种栖息地的边缘变成自己最理想的家园。事实证明，专才物种往往能形成更多新物种，而且能累积更多特性。虽然从长远来看，特化物种更容易灭绝，但其物种形成率却比泛化物种高得多——只是因为特化物种的亲种所产生的新物种在短期内有更大的生存机会（图 93）。随着谱系不断分裂，新物种从特化谱系的旧物种中破土萌芽，进化演变的快速积累形成了一种类似棘轮的机制。而泛化谱系不能像特化谱系这样

图93

短颖三叶虫（*MALVINELLA BUDDAE*），一种三叶虫。

泥盆纪早期（距今约3.9亿年），玻利维亚安第斯山脉西卡西卡（Sica Sica）。

该物种相当多刺，且比之前的物种进化程度更高。“*Malvinella*”这一快速进化的三叶虫类群就以它的名字命名，从解剖结构来看，该类群的物种进化程度较高，且高度特化。后文提到的两个物种也属于这一类群。

来源：化石图片（Fossil Pictures）。

图94

VOGESINA SP.，一种三叶虫。

泥盆纪早期（距今约3.9亿年），玻利维亚。

该物种完全没有尖刺，头部也没有沟槽，说明它可能适应了掘地生活。

频繁孕育新物种，所以其物种数量总是远低于特化谱系。也就是说，泛化生物的进化速度似乎慢得多：它们根本不会大量产生新物种，而个别的进化物种也和祖先没什么区别。

正因如此，泛化物种可以生存数百万年，极端情况下甚至可以延续数亿年，最后成为典型的活化石。舌形贝属（*Lingula*）是原始腕足动物的一个属；如今，该属物种看起来与其 4.5 亿年前的奥陶纪祖先一模一样。现今濒临灭绝的美洲鹤也来自古老的鸟类谱系，该谱系最早出现在距今约 5 000 万年的始新世，至今都没有太大变化。

然而，每个令人惊叹的保守物种都能衍生出众多快速分化、大幅改变的物种。这种“适应辐射”正是活化石的另一面。在泥盆纪时期，南半球的三叶虫经历了进化中的最后一次迅速且大规模的分化过程。大约 3.9 亿年前，各南部大陆（南美洲、非洲、澳大利亚、南极洲乃至后来漂移到赤道以北并撞入亚洲的印度）连成一片，共同组成冈瓦纳超大陆（Gondwana）。其大部分地区都被浅海覆盖，而在冰冷的海水中，三叶虫在相对短暂的 1 000 或 1 500 万年里经历了一次爆发式辐射，由单一物种衍生出无数新物种。该时期出现了一些非常奇特且高度特化的物种，由此可见，此时的物种形成频率很高，进化演变也在迅速积累（见第 135 页图 94、第 138 页图 96）。

生态学，即生物与环境（包括其他生物）之间时刻存在的相互作用，是控制进化演变速度的指导原则。通过观察活化石，我们可以进一步了解生物进化速度极慢的原因。20 世纪中期最有影响力的古生物学家乔治·盖洛德·辛普森以生物的缓慢进化为研究重点，旨在探究极速进化发生的过程——尤其是那些快到几乎没在化石记录中留下痕迹的过程。如果我们能确定物种生态行为对其未来进化速度的影响

图95

侏罗纪蒙古蛛（*MOGOLO-ARACHNE JURASSICA*），一只正在织网的蜘蛛。

侏罗纪中期（距今约1.65亿年），内蒙古道虎沟。

因为蜘蛛和其他陆生无脊椎动物在化石记录中极为罕见，所以其进化中的突发性变化和演化节奏规律尚未研究透彻。有理论认为，该物种及其他空中织网的复杂生物的物种兴起反映了在侏罗纪时期该物种对昆虫种类的快速增加所做出的响应——即进化出了适应性特征来捕捉多样化的昆虫。

来源：保罗·塞尔登（Paul Selden），美国堪萨斯大学（University of Kansas）。

图96

BOULEIA DAGINCOUR，一种三叶虫。

泥盆纪早期（距今约3.9亿年），玻利维亚安第斯山脉锡卡西卡（Sica sica）。

作为“*Malvinella*”类群的另一个特化物种，该三叶虫的进化程度极高，甚至与镜眼虫产生了趋同进化。

程度，以及这些物种灭绝和产生后代物种的可能性，就能进一步理解这一原则（见第 137 页图 95）。

生物会利用进化过程中产生的适应性特征来维生，因此，我们可以通过生态行为了解更多有关进化的信息。但生物只是进化过程的一部分。总体来看，进化是生物与所处环境相互作用的结果。接下来的章节将围绕大灭绝展开讨论，在此过程中，我们将把更多注意力转向环境方面。近年来，人们才开始逐渐了解灭绝对进化的影响。在生命历史中，灭绝现象普遍存在，而且扮演着极其重要的角色，正因如此，我们更该对“活化石”心存敬畏，它们来自古老的谱系，不仅成功延续了数亿年，而且自远古以来，一直在靠同一套适应性“工具”维生。

2

第六章

灭绝

图97

已灭绝的大海雀还原图：展现大海雀夏季（站立）和冬季（游泳）的不同羽毛状态，由约翰·杰勒德·柯尔曼斯（JOHN GERRARD KEULEMANS）绘制（约1903年）。

虽然该物种与企鹅无关，但二者的生态作用类似——企鹅占据了南极生态位，大海雀则占据北极生态位。人类为获取大海雀的羽绒而开展大规模捕杀，最终使这种大型鸟类走向灭绝。目前已知的最后一对大海雀于1844年6月3日在冰岛附近的埃尔德岩（Eldey）被猎杀。

毫无疑问，大灭绝是一场突如其来的浩劫。它犹如晴天霹雳，打破了平静的生态系统。转瞬之间，井然有序的恐龙世界陷入一片混乱。一颗巨大的彗星撞向地球，将大量尘埃和气体送入大气层。森林大火炙烤地球，太阳几乎消失在浓烟之中。地球上的生物无一幸免：在爆炸中幸存的生物发现自己的栖息地受到了严重破坏。笼罩地球的黑云经年不散，遮天蔽日，植物几乎无法进行光合作用。森林大片枯萎，那些漂浮在海面、靠光合作用维生的微藻也大量死亡。就这样，食物链的基石彻底瓦解，剩下的植食性动物及其肉食天敌也紧随其后，纷纷灭绝。后来，尘埃终于落定，幸存的物种开始构建新的平衡，建立新的生态系统，可灾难却再度降临，而且不止一次。大量外星天体如暴风雨般侵袭地球，让所有生命徘徊在彻底毁灭的边缘（见第 140 页图 97）。

这是科幻小说吗？听起来很像，但实际上，这个发生在 6 600 万年前的恐龙灭绝场景并非科幻作家天马行空的想象，而是诺贝尔物理学奖获得者路易斯·阿尔瓦雷茨（Luis Alvarez）带领高水平团队得出的严谨结论。恐龙于 19 世纪走入大众视野，自此，人们便一直对它充满好奇，正是这种好奇促使科学家描绘出恐龙大灭绝的场景，并让灭绝成了人们热议的话题。就这样，20 世纪 80 年代成了“灭绝”年代，相关话题总会激发公众强烈的兴趣，有关灾难性事件导致恐龙灭绝的报道更是大家的最爱（见第 143 页图 98）。科学界也从休眠期苏醒，并将大灭绝现象作为当时的首要课题。而在深入研究远古灭绝事件的同时，人们也清楚地意识到，在当今世界，每天都有物种在离我们远去，这绝不是巧合。如今，我们很可能正经历着另一场大灭绝，而在这场浩劫中，我们智人自己似乎正扮演着反面角色，甚至可能是唯一的罪魁祸首。突然间，我们所有人都意识到，灭绝确实是一种非常重要的现象。

对古生物学家而言，灭绝并不是什么新鲜事。它只是有关生命的客观事实，只不过他们以往总会忽略这一事实，转而关注更加“积极”的信息。曾经，我也觉得灭绝是一种“退步”，相比之下，我更愿意关注那些“进步”过程，比如进化。但长久以来，几乎所有古生物学家都清楚地意识到，进化与灭绝密不可分。从某种意义上讲，二者相互依存。不难理解，若没有进化过程产生新的物种，又何来“灭绝”一说？但近年来，人们慢慢发现，这种关系反过来同样成立，显然，只有在灭绝事件让大量地球物种彻底消失以后，生命才有可能出现大幅度的进化。因此，我的主攻方向（即进化模式）也已和灭绝紧密交织在一起，第七章将对此展开详细介绍。若是不了解灭绝，就无法理解进化；而要想了解灭绝，首先要掌握生态学。所谓的生态学，既包含不同物种

图98

瓦氏奇异龙（*THESCELOSAURUS WARRENAE*），一种植食性恐龙，图示为它的足部化石。

白垩纪后期（距今约8 500万年），加拿大艾伯塔省（Alberta）。

恐龙已完全成为地质史上大灭绝事件的象征。

在同一生态系统中生存所要遵循的规则，又包括特定栖息地内生物和物种数量的决定因素（见第 145 页图 99）。这个问题非常复杂，却也令人着迷。与此同时，后文将会提到，某些简单的普遍规律也确实会浮出水面。灭绝过程虽然不像小行星撞地球那么简单，但仍然能得到合理的解释。从根本上讲，灭绝就是一次生态的崩溃。我们如果知道生态系统靠什么维系，就能相当准确地推测出生态系统崩溃的原因（见第 146 页图 100）。但这种做法未免有些本末倒置；实际上，我们需要先充分了解地质历史中真实发生的灭绝事件，然后才能找到物种灭绝的原因。

岩石中的时间线

前文已经提到过地质时间表，里面列出了各地质年代的名称及划分情况，看起来非常复杂庞大，但也不可或缺。有了它，我们就能按年代对化石进行分类，在精确的放射性测年法尚未出现时，这张年代表就显得尤为重要。即使是现在，我们也只有在特殊情况下才能通过放射性测年法确定含化石沉积岩的精确年代。如果我们说某只“中泥盆纪”三叶虫大约有 3.8 亿年的历史，其实就意味着在世界的某个角落，人们已通过放射性衰变分析确定了“泥盆纪中期”岩石的年代。之所以说这只三叶虫来自“泥盆纪中期”，是因为封存其遗骸的岩石与其他经过精确测定的岩石年代大致相同。而人们之所以能确定二者年代相近，是因为化石会按时间规律分层排布：如果不同的岩石包含相同或相似的化石，那它们的年代也基本相同。

没错，地质学家会通过化石成分来确定地质层的相对年代，这种测年方法已经有近 200 年的历史。后来我们才意识到，（大部分于 19 世纪中叶完成的）地质年代划分其实是以生命系统真实存在的“组块”为基础；也就是说，不同历史时期的动植物群体将各个地质年代记录在了岩石之中。新物种大量出现标志着一个地质年代的开始，而物种大批灭绝则意味着该年代的终止——不过在此期间，也可能有物种诞生或消亡；当然，有些物种还能存活到下个年代。第一章中的地质年代划分表充分证明，在过去 45 亿年里，物种灭绝事件一再发生。从本质上讲，是生命划定了地质年代的界线。过去 5.4 亿年被划分为我们熟悉的古生代、中生代和新生代，期间分别生活着远古生物、中期生物和近代生物。这三个由复杂生物组成的重要年代由迄今为止规模最大的两次灭绝事件划分开来（见第 148 页图 101）。

其中，古生代末期出现的灭绝事件最为严重。据芝加哥大学古生物学家大卫 · M. 劳普（David M. Raup）推算，当时地球上灭绝的物种可能多达 96%！相比之下，人们对白垩纪末期的灭绝事件更加熟悉，正是那场灾难让恐龙彻底消失，但实际上，其破坏性远不

图99

一窝恐龙蛋，可能是原角龙（*PROTOCERATOPS*）的蛋。

白垩纪（距今约9 000万年），蒙古火焰崖（Flaming Cliffs）。

虽然有一种恐龙灭绝理论认为，恐龙蛋会因某种地球化学污染而变脆，但可以肯定的是，大灭绝事件总会涉及很多生态因素，并同时影响诸多不同的动植物类群。

图100

加州剑齿虎（*SMILODON CALIFORNICUS*），一种真正的剑齿虎。

更新世（距今年约2.5万年），加利福尼亚州洛杉矶的拉布雷亚沥青坑。

就在1万年前左右，北美洲的大型哺乳动物类群仍像今天的非洲平原一样丰富多样。

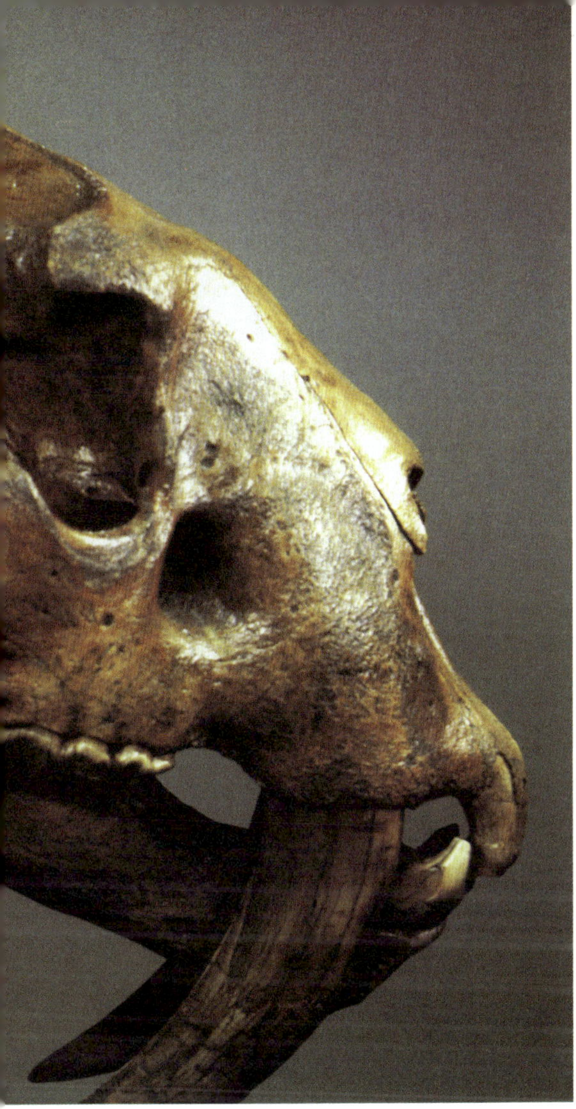

及古生代末期的浩劫。但无论如何，世界生态系统的面貌——特别是由恐龙主导的陆地生态系统——还是发生了显著变化，以至于早期地质学家可以轻而易举地在恐龙这一陆地生物和菊石（乌贼和章鱼的有壳近亲）这一海洋生物之间划定“中生代”和“新生代”的界限。哺乳动物很快取代了恐龙，成为陆地生态系统中的大型脊椎动物，现代生态系统的基本结构也因此确立。就这样，大约 6 600 万年前，现代生命时代正式开始。

但地质年代绝不只是简单地划分为古生代、中生代和新生代。有些划分方式全球通用，比如，按照国际公认的说法，这 3 个“代”可以细分为 12 个“纪”。同样，每个“纪”又要继续分为不同的“世”——只不过这一层划分方式会随观察地点而变化。总而言之，地质年代的划分意味着大灭绝事件真实存在，而且往往会波及全球。与此同时，它也意味着某些灭绝事件比其他事件规模更大、范围更广，几乎影响了全球所有主要谱系和所有基本生态系统。相比之下，其他灭绝事件则影响较小，只波及部分地区或栖息地，甚至只对某些生物群体造成影响。如人们所料，后者更为常见，它们也是当地公认的地质年代细分基础（见第 148 页图 102、见第 150 页图 103）。

过去 5.4 亿年共发生过 6 次重大的全球性物种灭绝事件，年代依次为：（1）寒武纪末期（距今约 4.85 亿年）；（2）奥陶纪末期（距今约 4.45 亿年）；（3）泥盆纪末期（距今约 3.7 亿年）；（4）二叠纪末期（古生代末期，距今 2.52 亿年）；（5）三叠纪末期（距今 2.01 亿年）；（6）白垩纪末期（中生代末期，距今约 6 600 万年）。此外，其他年代的灭绝事件同样值得关注。对我们来说，最重要的就是发生在更新世末期（冰河时代）的灭绝事件，在此期间，灭绝的动物以大型哺乳动物为主——如今，该过程可

图101

撒哈拉野猪鳄（*KAPROSUCHUS SAHARICUS*），一种撒哈拉鳄鱼。

白垩纪后期（距今约9 300万年），尼日尔共和国阿加德兹地区加杜法瓦（Gadoufaoua, Agadez District, Niger Republic）。

显然，撒哈拉野猪鳄属于鳄鱼谱系，但该谱系在白垩纪大灭绝中全军覆没。

来源：保罗·塞雷诺（Paul Sereno），芝加哥大学。

图102

帝汶岛海百合（*TIMORECHINUS MIRABILIS*），一种特殊的海百合（棘皮动物海百合纲）。

二叠纪后期（距今约2.5亿年），印度尼西亚帝汶岛（Island of Timor）。

二叠纪末期的大灭绝事件是所有灭绝事件中破坏性最强的一次，在此期间，这种奇异的海百合及诸多物种统统走向灭绝。

图103

一种阔齿龙（*DIADECTES*），两栖动物。

二叠纪早期（距今约2.7亿年），得克萨斯州威奇托盆地。

二叠纪–三叠纪灭绝事件对各个生态环境中的生命都产生了影响。

能仍在进行当中。此外，该事件至少要部分归咎于我们智人滥捕滥杀、破坏生物栖息地的活动。了解人类在灭绝过程中所起的作用可以从很大程度上帮助我们理解自己对当前地球生态系统造成的影响。通过研究远古物种的灭绝过程，我们也能进一步了解灭绝如何在没有人类干预的情况下发生。冰河时代的物种灭绝事件是一个过渡案例，它标志着灭绝事件中第一次有了人类的身影。显然，我们要尽快了解这些划时代的大事件，这对于我们评估当下状况至关重要（见第 152 页图 104）。

毫无疑问，我们需要寻找这些事件的共同点。首先，让我们来看看白垩纪末期的灭绝事件——之所以把它排在第一位，不只是因为恐龙灭绝使其成了最受瞩目的案例，还因为在过去 10 年，人们对此开展了大量研究工作，使之成为资料最详细、人们理解最透彻的灭绝事件。而第一个要关注的问题在于：是什么让诺贝尔物理学奖获得者路易斯·阿尔瓦雷茨和同事一起提出了本章开头所描述的那个惊世骇俗的彗星撞地球理论。

路易斯的儿子沃尔特·阿尔瓦雷茨（Walter Alvarez）是一名地质学家。他决定以白垩纪和第三纪之间的界线（简称“K–T 界线”）为中心，研究前、中、后时期发生的物理事件，于是，他选择将意大利古比奥（Gubbio）附近的一块露头作为自己的研究场地，因为该地的岩石完整保存了从白垩纪到第三纪的地质变迁痕迹（见第 154 页图 105）。地质年代的边界本身就由化石确定，尤其是“有孔虫”化石，即一种微小的单细胞有壳变形虫。而就在边界位置，阿尔瓦雷茨采集到了 0.5 英寸（约 1.3 厘米）厚的红黏土层样本——它夹在厚厚的石灰岩层之中，看似平平无奇，实则非比寻常。

回到实验室后，阿尔瓦雷茨的团队成员惊奇地发现，红色黏土中含有一种与铂类似的稀有金属元素——铱，其浓度远高于地表附近的正常浓度。作为一种稀有元素，铱的超高浓度显然不合常理。正如科学家阿尔瓦雷茨所言，铱只在陨石中才有这么高的浓度。

如今我们已经知道，高浓度的铱通常存在于地球深处，类似的高浓度物质有时也通过火山喷发的形式进入地表。但到 20 世纪 80 年代初，科学家普遍认为，红黏土中的铱一定来自外太空。就这样，“阿尔瓦雷茨假说”诞生了：来自外太空的彗星或陨石（即“火流星”）撞击地表，产生了大量的尘埃和蒸汽云。无论它坠落时的撞击点在哪，最初的冲击力都会杀死许多生物，研究人员至今还在寻找当时留下的古老陨石坑。由于地球表面 70% 以上的区域都被水覆盖（其实在白垩纪，这一比例应该更高），且真正的深海平原不会形成陨石坑，所以人们可能永远也找不到它的踪迹——这个陨石坑可能根本没

图104

一种剑鼻鳄（*MACHAEROPROSOPUS*），看起来像鳄鱼的爬行动物。

三叠纪后期（距今约2.15亿年），亚利桑那。

三叠纪大灭绝让很多陆地和海洋生物彻底消失，植龙（*Phytosaurus*）就是其中之一。

有形成。尽管如此，人们还是会不时发现可能是陨石坑的痕迹，其中可能性最大的就是加拿大海洋省份（Canadian Maritimes）海岸线附近的一个坑，据说其形成年代就在白垩纪末期，与彗星撞地球的年代刚好吻合。另一个则是墨西哥湾尤卡坦半岛（Yucatan Peninsula）附近的希克苏鲁伯陨石坑（Chixulub）。

除此之外，还有其他方法能够验证所谓的“撞击说”。人们希望能在暴露于地表的K–T界线岩层或地下钻探能够触及的地方发现铱的“浓度异常点”。果然，在地中海盆地（Mediterranean Basin）周围、丹麦甚至远离意大利的北美西部，人们都发现了铱在K–T界线出现的迹象，而且发现的位置在陆地（而非海洋）沉积物中。

大多数流星在撞击地球之前都会在大气层中燃烧殆尽。若大陨石在通过

大气层后仍然残留大量足以撞击地表的固态物质，那么除陨石坑外，它们还会留下其他明显的痕迹。“冲击石英”就是一个例子，这种结构只能通过高速撞击产生。目前，很多地区的 K–T 界线黏土等沉积物都检测到了冲击石英的痕迹。无论如何，高浓度的铱仍然有可能由剧烈的火山活动产生，而且越来越多的证据表明，白垩纪末期确实存在非常强烈的火山活动，因此，部分地质学家积极主张说，造成多地铱浓度异常的并不是流星或彗星，而是火山，其中最著名的是印度中西部的德干暗色岩（Deccan Traps）。但冲击石英的出现似乎进一步证实了最初的“阿尔瓦雷茨假说”。此外，还有其他迹象能进一步证明“撞击说”的正确性。例如，植物化石似乎证明，地球上确实曾有野火肆虐。很多陆地遗址的花粉化石记录表明，在 K–T 界线上方，蕨类植物的数量远远超过开花植物。众所周知，蕨类是植被焚毁后最先复苏的植物。总之，这些证据有力地证明，在白垩纪末期，确实曾有大型天体与地球发生过碰撞。

若“撞击说”属实，我们就可以直接研究白垩纪物种灭绝的真实模式，看看其如何与“撞击说”吻合。然而，按照真正的科学研究模式——尤其在某个话题成为“热点”并吸引大量关注时——“撞击说”很快就发展成了一般的灭绝理论。换句话说，除白垩纪末期的大灭绝以外，几乎所有的大灭绝事件（当然是所有全球性的大灭绝）都可能是陨石入侵的结果。古生物学家杰克·塞科斯基（Jack Sepkoski）和前文提到的大卫·劳普强烈支持这一说法，在对塞科斯基庞大的化石电子数据库开展分析后，他们得出结论：生物大灭绝

图105

安氏原角龙（*PROTOCERATOPS ANDREWSI*），一种植食性角龙。

白垩纪（距今约9 000万年），蒙古火焰崖。

这种恐龙是白垩纪末期三角龙的原始近亲。

并不是随机事件，实际上，它们似乎严格遵循着某种规律，大约每隔 2 600 万年就会发生一次。

这种史诗般的规律其实涉及天文因素。只有在天上，特别是在行星和太阳系天体的轨道中，我们才有可能找到 2 600 万年这一周期的来源。于是，天文学家们立即着手研究，并提出了各种可能的天体机制。大多数流星来自火星和木星之间的“小行星带”。与九大行星及其卫星一样，小行星也按照一定的轨道绕太阳运行。而彗星则按照偏心或椭圆轨道运行。“奥尔特云”（Oort cloud）是太阳系边缘的一个假想彗星群。每隔一段时间，就会有一颗彗星从太阳系内部急速飞过，紧紧围绕太阳旋转，然后又迅速飞回太阳系边缘。天文学家很快就得出结论，与行星相比，彗星更有可能定期撞向地球。因此，彗星取代了行星，成为有可能侵袭地球的天外来客。

什么东西会定期扰动奥尔特云呢？天文学家很快提出假设：某个尚未被发现的天体可能会在沿轨道运行时定期靠近奥尔特云，从而使彗星移位。如此一来，人们很快提出了两个可能撞击地球的天体。一个是被称为“第十颗行星”的“海外行星”（Planet X），人们至今还未找到其踪迹；另一个则是“涅墨西斯”（Nemesis），也是太阳的姊妹星。很多恒星都有围绕某个中心点旋转的“双胞胎”，光学天文学家将其称为“双星”。我们的太阳可能也与一颗遥远而暗淡的恒星组成了“双星”，但如果人们无法发现它的踪迹，这颗恒星就不会出现在人们面前。科学家们已经找了很长时间，但至今还没有结果。

与此同时，怀疑者们还提出了其他质疑。有些人怀疑地层中的铱元素并非来自外星，但如前所述，目前的证据似乎表明，白垩纪末期确实发生过天体撞击事件。其实在某些暴露岩层中，铱元素异常的还不止一层，所以人们越来越觉得，撞击事件可能不止发生过一次——就好像地球曾被“成群结队”的宇宙天体侵袭。除了无法找到彗星定期急速穿越太阳系的物理原因之外，更严重的问题在于，很多古生物学家对大规模灭绝的周期性持怀疑态度。争论的焦点在于数据基础的性质及分析时采用的统计技术。目前只能说，外太空天体周期性撞击地球的说法尚未得到证实。

但若回顾复杂生命出现以后发生的另外 5 次大灭绝事件，就会发现问题比原先设想得更加复杂。地质学家在二叠纪－三叠纪界线（即古生代和中生代之间的灭绝事件，也是迄今为止规模最大的灭绝事件）检测到了高浓度的铱元素。同样，三叠纪－侏罗纪界线也发现了高浓度的铱。这就是目前所有的发现（见第 156 页图 106）。当前证据似乎表明，若所有灭绝事件都能用某个单一理论来解释，那这个理论应该与天体撞击地球无关。我们必须重新审视地球本

图106

一种柳树的叶片化石。

始新世后期或渐新世早期（距今约3 500万年），俄勒冈州克拉诺（Clarno）附近。

除了6次全球性大灭绝外，地球生命历史中还出现过很多小规模灭绝事件，其中包括始新世–渐新世过渡期的一系列事件。

身，特别是地球内部影响生态系统形成的力量，寻找所有大灭绝现象的根源。而要想解决这个问题，我们需要先以白垩纪－第三纪灭绝事件（即K–T灭绝）为中心，研究前、中、后时期发生的一切。

大灭绝模式

20世纪80年代初，随着灭绝逐渐成为重要的科学热点话题，部分古生物学家也开始对广为流传（或者说是压倒性）的“阿尔瓦雷茨假说”提出反对意见。然而，人们都相信某些地层确实存在铱元素浓度异常的情况。出于好奇，我在丹麦斯泰温斯崖（Stevns Klint）采集了绿色的“鱼泥”样本（相当于古比奥的“红黏土层”），并亲自进行检测。最后果然发现，铱（和铂）的含量几乎“超标”。但让古生物学家感到困惑的并不是铱本身，而是它背后的真正的灭绝模式。

早在多年前，人们就知道白垩纪与第三纪之间发生过一次重大的生物群更替事件（见第158页图107）。而令很多古生物学家（当然也包括我自己）感到担忧的是，早在白垩纪－第三纪沉积层形成以前，灭绝事件就已经开始了。于是，各个领域的白垩纪化石专家立刻质疑说，至少在最开始提出的假说中，阿尔瓦雷茨将K–T灭绝视为几乎在一夜之间发生的过程。实际上，这个过程可能需要几年、几十年甚至一两百年，但不至于持续几千年——有些白垩纪古生物学家引用的数据显示，灭绝过程至少需要50万年，更是和实际情况相去甚远。有些人甚至认为，灭绝所需的时间不止50万年，他们表示，恐龙就是整个大灭绝事件的标志，而在白垩纪后期的大部分时间里，恐龙数量一直在减少，也就是说，灭绝过程持续了300多万年。很多古生物学家认为，不能用阿尔瓦雷茨提出的瞬时框架来解释所有灭绝事件。

那么，最终的答案究竟是什么？自阿尔瓦雷茨假说提出以来，古生物学家又开展了一系列详细的实地研究。其中，古生物学家格蕾塔·凯勒（Greta Keller）围绕突尼斯卡夫遗址（Tunisian site of El Kef）的有孔虫（即有壳变形虫）开展了一项极具启发性的研究。结果似乎表明，真正的灭绝模式是传统古生物学观点与阿尔瓦雷茨假说的结合。具体来说，8种有孔虫在K–T界线消失，与此同时，该地层还出现了铱浓度异常的现象。但凯勒发现，这种灭绝事件不止发生过一次，而是至少4次。铱层下方约25厘米处保留着另一次灭绝事件的痕迹，6个物种因此消失；而K–T界线的铱层形成之后，又发生了两次大灭绝事件：在铱层上方7厘米范围内的两个不同地层中，有22个物种彻底消失！虽然阿尔瓦雷茨后来提出，地球曾经历过宇宙天体的“多次撞击”，而研究结果也与新的“阿尔瓦雷茨假

图107

交替糕菊石（*PLACENTICERAS INTERCALARE*），一种头足纲菊石动物。

白垩纪后期（距今约8 000万年），加拿大艾伯塔省梅迪辛哈特（Medicine Hat）附近。

菊石在泥盆纪、二叠纪和三叠纪的大灭绝事件中幸存下来，最终却在白垩纪末期的灭绝事件中销声匿迹。

说”相符，但与此同时，该数据也推翻了“大灭绝只有一次，且发生在一夜之间”的观点。

毫无疑问，恐龙和其他类群一直在逐步衰落——其中最突出的就是菊石，它们就是海洋中的恐龙——这种灭绝过程持续的时间甚至比卡夫遗址研究数据所显示的时间还要长。当然，我们不能只关注恐龙和菊石等特定类群，因为灭绝过程不受生物类群的限制，能让诸多毫不相关的物种同时消失。灭绝是一种生态现象，所以我们要解释的也不是某个特定物种的灭绝过程，而是区域生态系统的衰落，这种衰落让很多特征和生态习性各不相同的动植物深受影响，甚至彻底灭绝。尽管如此，在确定整体灭绝模式的过程中，单个类群的数据仍然至关重要。而且如前所述，在彻底灭绝前的 300 万年里，恐龙数量一直在呈现明显而稳定的下降趋势。

自白垩纪中期开始，某些历史悠久的菊石动物就已呈现出类似的衰落趋势。只有船菊石（*scaphites*）这种外形奇特的年轻类群仍在积极进化，在白垩世后期，该类群还在不断分化，讽刺的是，它们在早期灭绝理论中还占有重要地位。和大多数菊石不同，船菊石的外壳没有呈等角螺线形，所以人们认为，船菊石就是菊石动物进化动力耗尽、陷入“种族衰老”状态的标志（见第 161 页图 108）。在 1 万年前的冰河时代灭绝期，有一种名叫“爱尔兰驼鹿”（Irish Elk）的巨型鹿，长期以来，人们一直以为这种动物进化出了巨大的鹿角，使雄性麋鹿难以正常生活，因而直接导致了该物种的灭绝。所以爱尔兰驼鹿也时常被当作另一个“种族衰老”的例子。如今，上述说法都已被推翻：事实充分证明，物种因高度特化而无法正常生活的观点完全是错误的。更重要的是，人们已经清楚地意识到，灭绝的不只有船菊石和爱尔兰驼鹿，其他生活在不同环境中的物种也一起灭绝了。

白垩纪灭绝的物种中确实包含某些高度特化甚至形态奇异的生物。第二章提到，一种名叫固着蛤的软体动物通过趋同进化获得了与珊瑚相近的形态，并在中生代晚期成为珊瑚礁的主要成员。它们在新生代来临前便已灭绝。但在灭绝事件中销声匿迹的多为普通物种，如大量蛤类、螺类、草本植物、恐龙、会飞的爬行动物和海洋爬行动物等。没有任何一个类群能毫发无伤地度过灭绝期。甚至在某些类群中，余下的“幸存物种”也全军覆没——因此，船菊石和恐龙这种高级类群也没能跨越 K–T 界线。

好在，大灭绝显然没有带走所有物种。最令人费解的是，有些物种能挺过这场灾难，而它们的近亲（或生理特征及生态位与之相似的）物种却成了灭绝事件的牺牲品。恐龙就是一个例子。实际上，鸟类就是特化的恐龙，二者不分高下。在侏罗纪时期，鸟类从亲代物

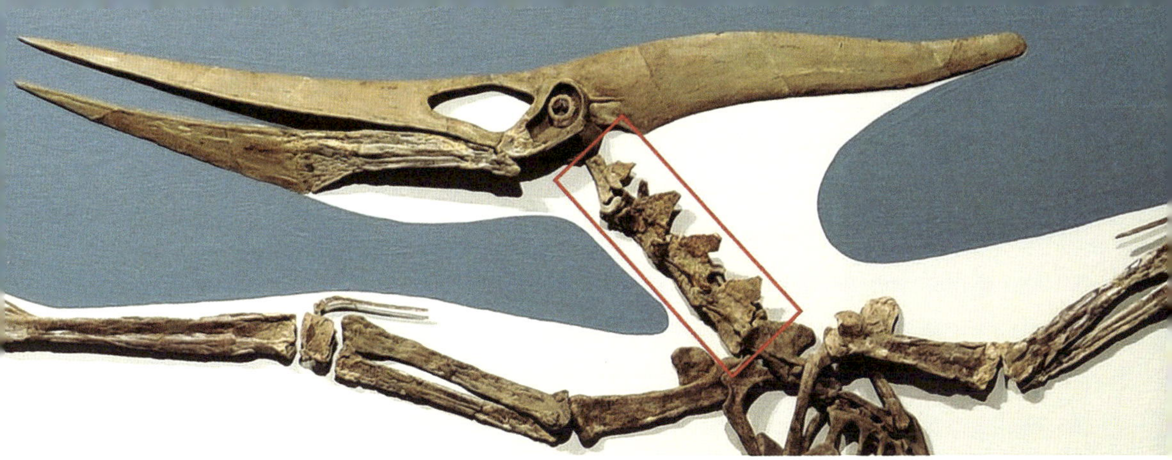

图109

颈椎嵌有白垩刺甲鲨（*CRETOXYRHINA*）牙齿的无齿翼龙（*PTERANODON*）。

白垩纪后期（距今约8 000万年），堪萨斯州烟山（Smoky Hills, Kansas）。

这块罕见的化石显示，一种约2.4米长的灭绝鲭鲨物种可能正在捕食翼展达6.7米的翼龙，或是啃食它的尸体。

来源：戴维·霍恩（David Hone），伦敦玛丽女王大学（Queen Mary University of London）。

图108

一种双菊石（*DIDYMOCERAS*），螺旋形态异常的头足纲菊石动物。

白垩纪后期（距今约8 000万年），南达科他州布莱克山（Black Hills）。

由于螺旋形态异常，双菊石和船菊石曾被视为“种族衰老”（即谱系基因缺损导致的灭绝）的标志。

种分化出来，最后在白垩纪顺利进入新生代（见第 161 页图 109）。除鸟类以外，鳄鱼就是与恐龙亲缘关系最近的物种，它也是大灭绝中的幸存者。当前研究主要关注幸存物种对不同栖息地的偏好，从而进一步探究哪些物种能在大灭绝中幸存，以及为何幸存。

因此，K–T 灭绝的实际情况并不像“撞击说”支持者描述的那样清晰简单。近年来，部分古生物学家认为，确实有少数恐龙存活到了古新世。毫无疑问，高浓度的铱不会无缘无故产生，它们很可能来自一次（或多次）天体撞击事件。但在白垩纪以一声巨响结束之前，生态系统早已陷入困境。要想进一步了解大灭绝背后的成因，就不能只关注那个让白垩纪彻底终结的特殊事件。另外 5 次大灭绝事件形成的模式表明，物种灭绝的原因不在“天上”，而在“地上”。

寒武纪末期，海洋霸主三叶虫的数量呈断崖式下跌。虽然该物种还能再延续 2.65 亿年，但它们再也不能像从前一样在常年覆盖地球内陆的浅海群落中维持多种多样的形态，或是占据统治地位。物种的大规模灭绝让寒武纪彻底画上句号，但在此之前，寒武纪后期已经发生过多次灭绝事件。然而，时间的迷雾已让物种灭绝的原因模糊不清。海平面的波动让栖息地发生重大变化，很多地区的生态系统遭到了严重破坏。在后文中，我们所讨论的大规模灭绝事件年代将不断向后推移，也会更加清晰易懂，而在此过程中，我们还会重提海平面波动对物种灭绝的影响。

从各方面来看，奥陶纪大灭绝都比寒武纪大灭绝严重得多。与此同时，它还呈现出更多有关大灭绝模式和根本原因的信息。这次灭绝可分为两大阶段，第二阶段发生在通常所说奥陶纪结束之时，两者相距约 100 万年，甚至有可能相差 200 万年。欧洲化石记录清晰地展现了奥陶纪末期典型的海洋动物群落，化石物种较少，代表着能够适应极寒水域的动物群落。

事实证明，奥陶纪后期的南极位于现在的北非（即现在的撒哈拉沙漠！在过去的地质年代中，南极点和北极点似乎在“到处游荡”，但极点本身并没有移动，而是地球板块连同其中的大陆在整个地质年代中不断移位）。当极点落在大陆上时（比如，今天的南极点就落在南极洲上），就会形成广阔且厚实的冰盖。这些“大陆冰川”会对海洋和大气环流产生强烈的冷却作用，通常会导致全球变冷。大多数古生物学家认为，在奥陶纪末期，强大的冰川作用引发全球变冷，从而直接导致了奥陶纪灭绝事件。

实际上，几乎所有关于大灭绝的研究都绕不开全球变冷这一主题。在对下一次大灭绝事件（即泥盆纪大灭绝）开展研究时，全球变冷就是第一个要探讨的问题。泥盆纪大灭绝其实发生在泥盆纪最后两个时期之间，也就是“弗拉斯期”（Frasnian）和“法门期”（Famennian）

之间。（地质年代通常根据该年代的岩石首次出现或发育最好的地理位置命名。比如，以上两个时期分别以比利时的两个村镇命名）。与奥陶纪一样，泥盆纪末期的动物种类极少，它们生活在氧气含量很低且极度寒冷的水域。例如，玻璃海绵纲中的块角海绵（*Hydnoceras*）就生活在泥盆纪后期的水域，除此之外，该水域中的无脊椎动物寥寥无几。（见第 164 页图 110）现代的玻璃海绵也通常生活在寒冷的深海。

而在探讨迄今为止规模最大的灭绝事件——二叠纪–三叠纪灭绝事件时，那些努力在地球内部寻找灭绝原因的古生物学家展开了一场重要争论。近期研究表明，这次大灭绝事件只维持了6万年，简直令人难以置信。地球生物大规模灭绝的原因可能只有一个，也可能有多个，但我们对其成因的了解似乎还停留在原地。然而，最近那场争论却揭示了物种灭绝事件（包括现代物种加速灭绝）的普遍成因。尽管最近有关二叠纪–三叠纪灭绝事件的研究大多提及了一系列复杂的成因，但早期研究却更关注全球温度变化或栖息地的丧失。尽管人们现在认为当时关注点有误，或者过于简单，但无论如何，这些早期研究还是从两个重要方面提出了物种灭绝的具体原因（见第 164 页图 111）。直到最近，人们还普遍认为地球气温在二叠纪末期逐渐升高。例如，该时期形成了大片盐类矿床，说明当时气候干燥，也有人认为当时温度很高，因为盐是通过大量含盐水体蒸发而形成的。古生代后期的前期阶段曾出现过大片冰川，但并没有引发大灭绝事件。然而，古生物学家史蒂文·斯坦利表示，目前新发现的证据证明，在古生代即将结束时，至少还有部分地区处于冰封状态。在他看来，古生代后期的前期阶段的冰川作用之所以没引发大规模的物种灭绝，是因为当时的地球生物群还没有完全从泥盆纪大灭绝中恢复过来。但无论如何，至少有部分证据表明，古生代晚期的生物大灭绝事件与全球变冷有关。而“全球变冷论”的反对者大多倾向于另一种假设，即灭绝事件的直接诱因是栖息地的缩小甚至丧失（见第 167 页图 112）。举个极端的例子，若内海完全干涸，将会出现怎样的情况？显然，生物栖息地将彻底消失。若无处可去，物种必然走向灭绝——如前所述，镜眼虫的栖息地消失后，该物种便销声匿迹。诺曼·纽厄尔（Norman Newell）几乎是20世纪中叶唯一一个认真研究大灭绝现象的古生物学家，他一直认为，栖息地丧失就是理解大灭绝事件的关键。栖息地长期遭受干扰或是持续变动，很可能对整个动物群产生严重影响。

实际上，古生物学家托马斯·舍普夫（Thomas Schopf）曾试图用“岛屿生物地理学”证明栖息地空间丧失是二叠纪–三叠纪灭绝事件的直接成因。“岛屿生物地理学”是生态学家罗伯特·麦

图110

古兰花海绵（*HYDNOCERAS TUBEROSUM*），一种玻璃海绵。

泥盆纪后期（距今约3.65亿年），美国纽约州奥利安（Olean）。

现代玻璃海绵栖息于低温环境，图中这只古兰花海绵出现在泥盆纪后期，说明在泥盆纪后期，海洋温度可能在下降。

图111

德尔塔霍特奇尔螈（*WHATCHEERIA DELTAE*），一种早期四足动物。

始石炭纪中期（距今约3.4亿年），爱荷华州德尔塔（Delta, Iowa）。

该物种以爱荷华州一座名为"霍特奇尔"的城市命名（该地也是化石发现者的出生地），这种早期四足动物身长3英尺（约0.9米），兼具原始特征和进化后的特征，展现了进化过程——尤其是谱系进化早期——的复杂性。

来源：兰斯·格兰德，菲尔德自然史博物馆。

克阿瑟（Robert MacArthur）和著名进化生物学家兼自然环境保护者爱德华·奥斯本·威尔逊（Edward O. Wilson）共同提出的理论，该理论认为，特定区域的物种数量简单直接地反映了该区域的大小。舍普夫专门研究海洋无脊椎动物，其化石几乎完全出自大陆浅水海道底部的沉积物，他指出，到二叠纪末期，海洋面积大幅缩小——在他看来，这一点足以支持纽厄尔的理论，即栖息地丧失是物种灭绝的罪魁祸首。后来的古生物学家则表示，该现象足以推翻全球变冷是大灭绝关键成因这一论点。

我们不妨想想环境变化究竟会引发怎样的局面。以全球气温变化为例：若冰川从北极地区向南扩展，覆盖欧亚大陆和北美的大部分地区（在过去的160万年里，这种情况至少发生过4次），那么构成陆地食物链基础的植物就不得不随之迁移。当然，它们要通过种子传播的方式完成迁移。物种分布格局的整体变动直接反映了环境的变化，说明当

地温度下降，若再形成冰川，影响就更大，因为冰会将沿途的一切彻底摧毁。那些能找到合适栖息地的物种得以幸存——第三章围绕进化停滞问题展开讨论时曾提到，从某种程度上讲，这些物种还能以原来的形式继续生存。只有当物种再也找不到合适栖息地或变得“面目全非”时，环境变化才会导致灭绝。

全球变冷（或变暖）要通过调整栖息地的方式对生物产生影响——通常情况下，有些栖息地会消失，另一些则取而代之。古生物学家伊丽莎白·弗巴曾深入探讨了约 250 万年前的一次重大气候变化。她研究了全球大寒潮对东非生态系统的影响，并捕捉到一次突然的转变（她称之为“物种更替脉冲”，即 turn overpulse），在此过程中，很多物种彻底灭绝，新物种要么从外地迁入，要么从原始物种中进化而来，取而代之。但新物种取代的只是旧物种的物理空间。从生态角度来看，旧栖息地消失，取而代之的是新栖息地：而在伊丽莎白提出的案例中，广阔的林地让位于开阔的热带草原。因此，全新的生态群体占据了原来的栖息地。

总之，在我看来，“全球变冷论”和“栖息地丧失论”只是同一现象的两种视角。毫无疑问，生物灭绝源于栖息地的丧失；但从最深层来看，栖息地的调整和重新分配、改变和“丧失”也许就是通过相对突然和剧烈的全球温度变化来实现的。任何大灭绝理论都必须同时适用于陆地和海洋。某些围绕二叠纪—三叠纪灭绝事件开展的早期研究往往只关注海洋无脊椎动物（见第 169 页图 113、第 171 页图 114）。很难想象浅海栖息地萎缩会对陆地栖息地产生怎样的影响。但话又说回来，海洋究竟是如何萎缩的呢？对此，人们认为，板块运动可能会影响海平面。但在冰川增长期，海平面下沉的速度会更快，因为大陆冰盖能迅速锁住大量水分。由此可见，全球变冷会同时重组陆地和海洋栖息地！

讽刺的是，下一次大灭绝就发生在三叠纪末期。迄今为止，有关该事件的研究数据并没有指向全球变冷。虽然当时的物种栖息地发生了大规模的变动，但其成因至今仍是未解之谜。那 K–T 界线呢？实际上，至少某些版本的“撞击说”确实认为天体撞击是全球气温急剧下降的直接原因。此外，还有证据表明，在白垩纪晚期，地球气温确实在下降。虽然我不喜欢妥协，但还是要承认，现阶段出现的证据无疑表明，二叠纪－三叠纪灭绝事件就是多种原因共同造成的：毫无疑问，在该事件发生前的几百万年里，世界生态系统就已陷入困境。而全球变冷很可能就是这种长期衰落背后的原因。但如前所述，高浓度的铱不会无缘无故产生（某些地区甚至有多个铱层），其来源似乎就是宇宙天体的强烈撞击。

而这种导致物种灭绝的事件（目前看来，更可能是一系列事件）似乎让

图112

离椎螈（*SCLEROCEPHALUS HAEUSERI*），一种两栖动物。

二叠纪早期（距今约2.8亿年），德国萨尔盆地（SaarNahe Basin）。

离椎螈身长0.9~1.2米，这种大型两栖动物是晚古生代最常见且（在我看来）最美丽、最引人注目的陆生脊椎动物。

来源：约翰·坎恰洛西（John Cancalosi）。

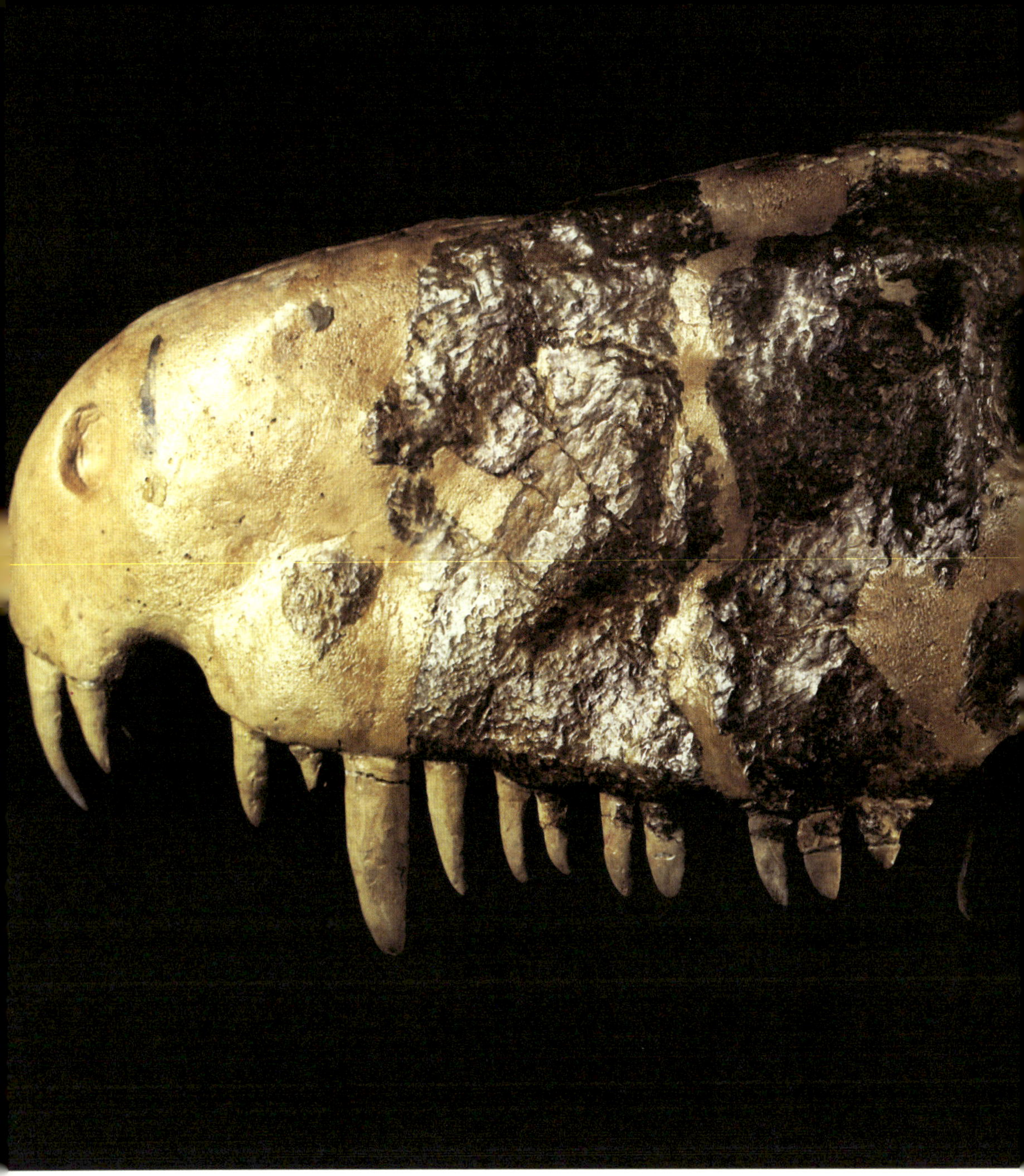

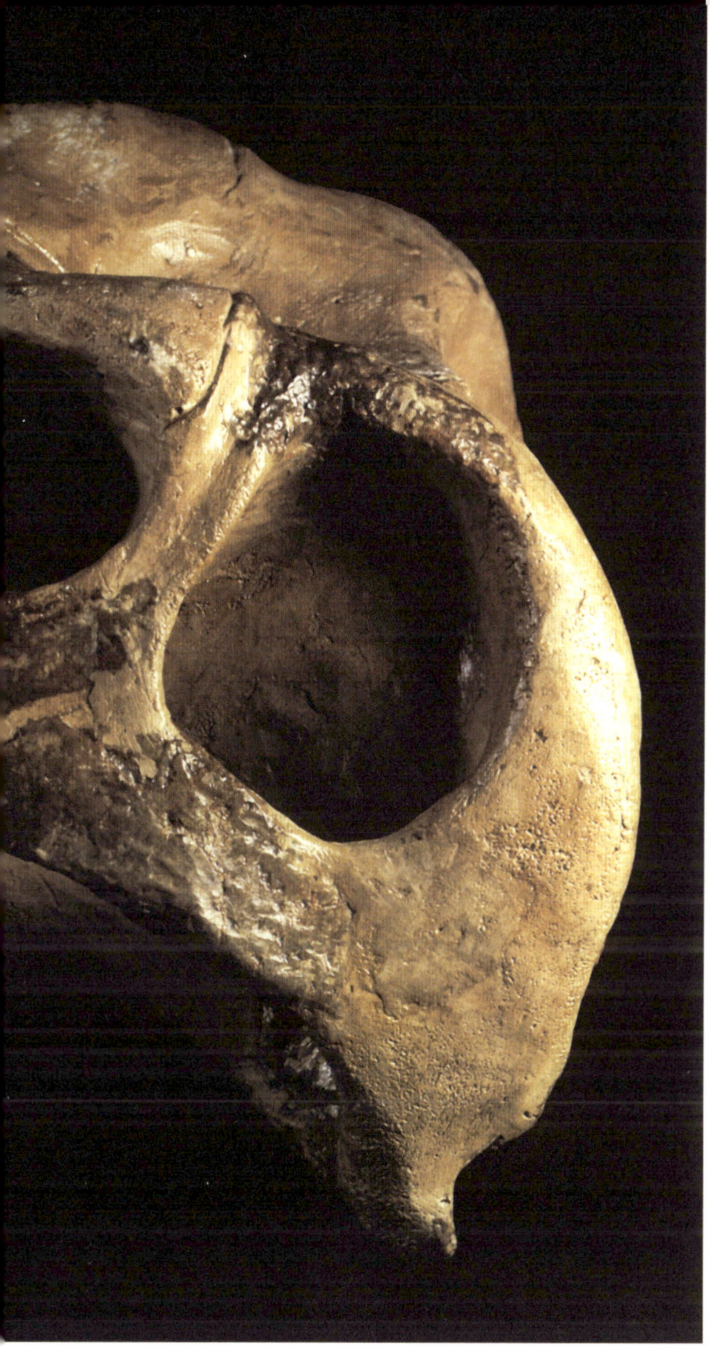

图113

异齿龙（*DIMETRODON LIMBATIS*），一种与哺乳类爬行动物有关的肉食性爬行动物。

二叠纪早期（距今约2.7亿年），得克萨斯州威奇托盆地。

异齿龙是一种肉食动物，是某个复杂生态系统的组成部分，但在二叠纪，随着时间推移，这一生态系统在得克萨斯州彻底消失。

图114

十字基龙（*EDAPHOSAURUS CRUCIGER*），一种与哺乳类爬行动物有关的植食性爬行动物。

二叠纪早期（距今约2.7亿年），得克萨斯州比弗溪（Beaver Creek）。

这种植食性动物及其近亲异齿龙（见第169页图113）都有带刺的背脊，可能用于调节体温，但有些想象力丰富的古生物学家认为，其背脊为帆状结构，能够让这些爬行动物穿越得克萨斯的浅海。

图115

西部野牛（*BISON OCCIDENTALIS*），一种已灭绝的野牛

更新世（距今约2.5万年），阿拉斯加。

现代北美野牛比这种已灭绝的物种小得多，前者也几乎因人类的过度捕猎而灭绝（狩猎的是定居者，并非美洲原住民），后来在纽约动物学会（New York Zoological Society）的保护下才逃过一劫，曾任美国总统的西奥多·罗斯福（Theodore Roosevelt）就是该组织成员之一。

困境中的全球生态系统彻底崩溃。白垩纪末期的终极物理事件似乎真的让本就糟糕的情况雪上加霜——几乎到了地球上的生命无法承受的地步。

冰河时代的灭绝——我们当前的困境

如第四章所述，我们人类的进化谱系大约在 700 万 ~600 万年前从类人猿谱系分化出来。在这六七百万年的大部分时间里，我们的祖先物种都由规模较小的狩猎采集群体组成，每个人都是当地生态系统的重要成员。目前没有证据表明，早期人亚族物种曾对周围环境产生过负面影响。即使在直立匠人首次走出非洲时，早期人类仍然生活在小群体之中，与当地的环境融为一体。

我们人类物种早在 15 万年前诞生之时，就开始在环境中留下自己的印记。在距今约 8 000 年的更新世晚期（即冰河时代），那些体形庞大、稀奇古怪的大型哺乳动物仍是欧洲和北美洲动物群的重要组成部分，虽然听起来难以置信，但事实的确如此。在寒冷的北方地区，披毛犀、猛犸象、乳齿象、剑齿虎、巨狮和水牛都是常见动物，其中有很多都出现在西班牙和法国的岩洞壁画之中，细节丰富，栩栩如生，距今已有 1.6 万年的历史。当然，这些更新世的大型哺乳动物如今已不复存在（见第 172 页图 115），其残余物种仍在热带地区徘徊。非洲哺乳动物就是这些古老物种存在过的鲜活证据，它们就像一个缩影，反映着不久前仍活跃于世界大部分地区、种类更加多样的哺乳动物群。

那么，这些物种究竟因何灭绝？对很多北方哺乳动物而言。灭绝的原因并非冰川扩张，而是冰川融化。显然，这些动物能很好地适应北方极寒气候，所以全球变冷不是它们灭绝的原因。但在这次的全球性灭绝事件中，首次出现了另一位参与者的身影，也是另一个可能导致灭绝的原因——我们人类自己。

长久以来，人类学家保罗·马丁（Paul Martin）始终认为，更新世晚期哺乳动物的灭绝很大程度上要归因于人类的滥捕滥杀。其依据在于，人类到达新大陆的时间与大型哺乳动物开始消失的时间大致吻合。实际上，人类向世界各地的迁移与物种灭绝直接相关。随着人口的增长，人类不断迁移，占据了所有可用空间，从而对当地动物群造成了直接且可能无法避免的冲击（见第 174 页图 116）。

最近，人们在阿根廷佩文科（Pehuen Co in Argentina）发现了大地懒（*Megatherium*）和雕齿兽（*Glyptodont*，一种类似犰狳的大型动物）的足迹化石。这些距今 12 000 年的化石岩层中还散落着人类的脚印，而不远处还印着约 7 000 年前留下的脚印，但这些年代更近的脚印与前者截然不同，它们几乎都是人类留下的，有些还保留着鞋子的痕迹。在这些年代较近的沉积物中，只留下了原

图116

断裂的鹿角工具和刀片。

更新世（距今约1.9万年），宾夕法尼亚州阿韦拉的克罗斯溪遗址（Cross Creek, Avella）。

该考古遗址见证了新世界人类持续居时间最长的纪录。遗传学、语言学和考古学证据表明，人类大约从3万年前开始分3次从西伯利亚东部迁徙到西半球。

来源：J.M.阿多瓦西奥（Adovasio），梅西赫斯特考古研究所（Mercyhurst Archaelogical Institute）。

图117

大地懒和智人的平行足迹。

更新世后期（距今约1.25万年），阿根廷布兰卡港（Bahia Blanca）佩文科。

虽然早在3万年前，人类就已经在新世界留下了零星痕迹，但在1.25万年前人类才开始大规模迁入新世界——大概就在此时，一群包含多个物种、令人叹为观止的巨型哺乳动物在这里留下了足迹。在该地层中，人类的足迹非常罕见；但大约5 000年后，附近的露头中更多的足迹中，几乎所有的巨型动物，甚至包括标志性的大地懒的足迹却消失了——人们认为，这些动物此时已经灭绝。在7 000年前，就只有人类、某些鸟类和某种哺乳动物（可能是如今的原驼）的足迹留了下来。这或许是一种“负面证据”，它显然说明，人类的到来给当地动物群带来了突如其来的灾难。

来源：特雷莎·马内拉（Teresa Manera），南方国立大学（Universidad Nacional del Sur）。

驼和美洲鸵鸟（即阿根廷现存的小骆驼和“鸵鸟”）的足迹——这充分说明，人口扩张可能从很大程度上导致了这些南美洲哺乳动物的灭绝（见第175页图117）。

然而，将更新世晚期的灭绝事件完全归咎于人类，未免过于极端。鸟类和小型哺乳动物等动植物并不是人类的狩猎目标，但它们也在近代灭绝了。有确凿证据表明，上一次冰川期结束后，生物栖息地以我们熟知的方式经历了大规模变动，而这种变动或许才是导致最后一次灭绝事件的罪魁祸首。但人类出现以后，很多体形更大、更为重要的哺乳动物（甚至包括大型鸟类）也随之消失，二者之间存在紧密的联系，令人难以忽视（图118）。

如今，我们又一次遇上了波及全球的灭绝浪潮，此时，探究生物灭绝的原因就显得尤为重要。谁也不知道1900年时地球上究竟有多少种复杂的动植物，有人说是1 000万，也有人说8 000万。但有一点毋庸置疑：无论一个世纪前有多少物种，数量都比现在多得多。

另外，农业的出现更是以多种方式改变了地球上的物种。它让我们有了稳定的食物来源，过上了安定的生活，与此同时，人类社会也开始出现多样化的分工。以农业为基础的经济体系让文明得以生根发芽，也孕育出文化的硕果——当然，早在农业型定居社会出现的1万年前，人类就创造出了精美的岩

洞壁画！

然而，以农业为基础的社会体系很快便引发了人口的激增，并给人类带来诸多问题，这一点对我们而言并不陌生。过去1万年里，农业迅速发展，人口急剧膨胀，在此，我们应认真反思这一系列变化对世界其他地区的影响。随着人口的增长，粮食资源供不应求，人们自然要努力拓展资源基础。而供应量提高后，人口便再次膨胀：迄今为止，

图118

厚恐鸟（*PACHYORNIS ELEPHANTOPUS*），一种已灭绝的巨型恐鸟，无飞行功能。

更新世（距今1万多年），新西兰南岛（South Island）。

当一个智力较高的物种（如智人）开始捕食并改变栖息地时，大型特化动物就特别容易受到威胁。

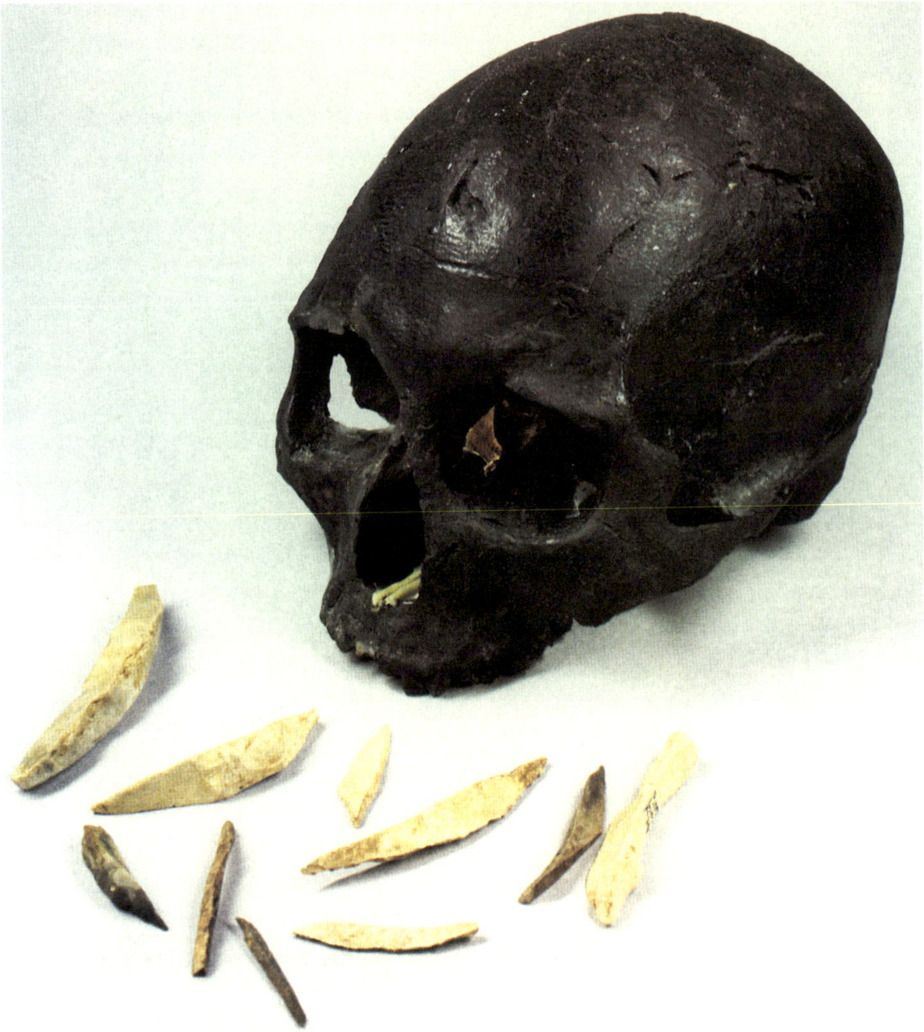

图119

新石器时代的细石器（石制工具）与智人头骨。

石器来自法国（距今约1万年），头骨来自智利（年代大概在公元300年）。

农业是导致栖息地变化的主要人类活动，近年来，工业污染物也和农业一起成了栖息地变化的“罪魁祸首”。

几乎没有证据表明增加的资源供给能通过合理的分配改善人均生活质量。相反，不断增长的人口还消耗了新增的资源（见第 178 页图 119）。

从此，人类不再像从前一样以小社群的形式生活，也不再与当地生态系统融为一体、和睦共处。相反，我们几乎彻底与生态环境、自然世界隔绝开来。如今，我们已真正成为全球物种，构建起全球互联的经济体系。我们智人开始在全球范围内与整体生态系统互动，不再需要直接关注所在地的生态系统，所以自认为脱离了自然；但如今，人们逐渐发现，自己永远无法真正摆脱自然世界。

农业的持续扩张和其他形式的经济“发展”直接摧毁了生物栖息地。如前所述，正是栖息地的变化导致了物种的大规模灭绝。在毫无人类干预的情况下，曾有某些物理因素改变了生物栖息地，进而引发灭绝事件。其中影响最大、持续时间最长的就是全球气候变化。但 K–T 灭绝事件也表明，除气候变化外，其他因素也会扰乱生态系统，使其变得更加复杂，并让本就岌岌可危的物种走向灭绝。

于是我不禁想到，智人就像当代的白垩纪彗星。正因如此，前文讨论人类的滥捕滥杀在更新世灭绝事件中所起的作用时，我故意用了“冲击”一词。上一次冰川融化所带来的环境影响至今仍未消散。没有人知道接下来会出现怎样的气候变化。一方面，我们自己在使用化石燃料的同时，也在向大气排放二氧化碳，因而人为创造出一个“全球变暖”阶段。另一方面，我们原本在几千年前就该迎来下一个冰川期，也就是说，气候很快会再次变冷。在不久的将来，气候肯定会呈波动趋势。这意味生物栖息地将受到干扰，灭绝事件很可能再次发生。诚然，我们人类是自然界中的变数，可能造成难以预测的灾难，相当于现代的白垩纪彗星；但与此同时，我们是智慧生物，不是无意识的外星天体，不会盲目按固定轨道运行。也许——仅仅是也许——我们知道自己在做什么，也会采取相应的措施来减少我们对世界生态系统所造成的日益严重的负面影响。这一点很重要，因为我们自己就是现代全球生态系统的一部分，就算矢口否认，也无法改变这一事实。诚然，物种灭绝是“自然规律”，而且从很大程度上讲，进化似乎也要靠灭绝来实现（我们将在第七章对此详细讨论），但如果地球上的其他物种接连灭绝，改变了我们赖以生存的生态系统面貌，而我们自己也濒临灾难，那么谁还会关心未来的进化呢？

第七章

宏观进化

图120

始祖马（*PROTOROHIPPUS VENTICOLUS*），也就是所谓的“曙马”。

始新世早期（距今约5200万年）。怀俄明州绿河组化石湖。

古生物学家惊讶地发现，虽然人们最开始发现的所有现代马类都来自旧大陆，还不得不在发现之后将其重新引入美洲，但实际上，其大部分进化过程都是在北美洲完成的。上图中的化石就是最古老的马，也是著名的“曙马”之一（见第199页、第201页图133~图135）。

来源：美国国家公园管理局（National Park Service）

在人们心中，鲸化石似乎不会出现在埃及。但实际上，地球的栖息地在不断变化：1万年前，贫瘠的撒哈拉沙漠还是一片绿洲；5 000万年前，这里还是一片汪洋大海。从开罗（Cairo）出发，沿尼罗河谷（Nile Valley）一路向南至阿斯旺（Aswan）附近，沿途的悬崖峭壁布满始新世化石，其中包括蛤蜊、螺类、螃蟹、沙钱以及名为“货币虫”的巨大单细胞有壳货币虫（*nummulites*，拉丁文中意指“小铜板”，因为其身形扁圆，形似硬币）。在如今的开罗西南方不远处，跨过尼罗河，就是法尤姆洼地（Fayyum Depression），那里有埃及最大的天然湖泊加龙湖（Birkat Qarun）。而就在加龙湖北面的荒漠，埋藏着埃及最珍贵的化石宝库。法尤姆河床的脊椎动物化石格外丰富，其上层尤为重要，因为里面封存着目前已知最古老的大象，即渐新象（*Phiomia*）和始祖象（*Moeritherium*）（见第183页图121），还有其他地区不曾出现过的异兽，比如以埃及女法老的名字命名、形似犀牛的重脚兽（*Arsinoitherium*）（见第185页图122），以及目前已知最古老的高等灵长类动物。不过，该地最吸引人的还是下层海床——这里出土了很多全世界最古老的鲸化石。而在我看来，鲸就是分析宏观进化（指大规模进化）的最佳切入点。

当然，鲸是哺乳动物，也是非常奇特的哺乳动物，因为其身形细长，呈雪茄状，前肢演化成鳍，而且根本没有后腿。其内部解剖结构和生理机能都经过了大幅调整，以便适应长期的海洋（而且是深海）生活。然而，和其他哺乳动物一样，鲸仍然要从空气中获取氧气。它们的心脏有4个心腔，还长着毛发、乳腺、胎盘和3块中耳骨，这充分证明，无论它们看起来有多像鱼，鲸都是哺乳动物的一员。而哺乳动物最初是陆生动物，由此可见，鲸一定由某种陆生动物进化而来。为了重新适应海洋生活而做出的重大改变正是所谓的大规模进化演变，也就是说，鲸的进化是“宏观进化”的绝佳范例（见第185页图123）。

然而，法尤姆出土的那些距今5 000万年的始新世鲸化石却和现代鲸相差无几，以至于所有看到化石的人都会立刻为之惊叹。当然，和现代鲸相比，化石中的鲸仍然有很多原始特征，比如，现代抹香鲸只有简单的锥形牙齿，而始新世鲸的牙看起来更像陆生食肉动物（见第187页图124）。没有长牙、只用扁平梳状鲸须滤食微小海洋生物的须鲸在始新世还没出现。某些始新世鲸还保留着后肢的痕迹。但从多数本质特征来看，始新世的鲸绝对属于鲸类，而不是某种明显介于原始陆生动物和“纯种”鲸之间的生物（见第188页图125）。

在职业生涯的大部分时间里，辛普森都在美国自然历史博物馆研究哺乳动物的进化问题。20世纪30年代末，辛普森的目标就是将新兴进化遗传学观

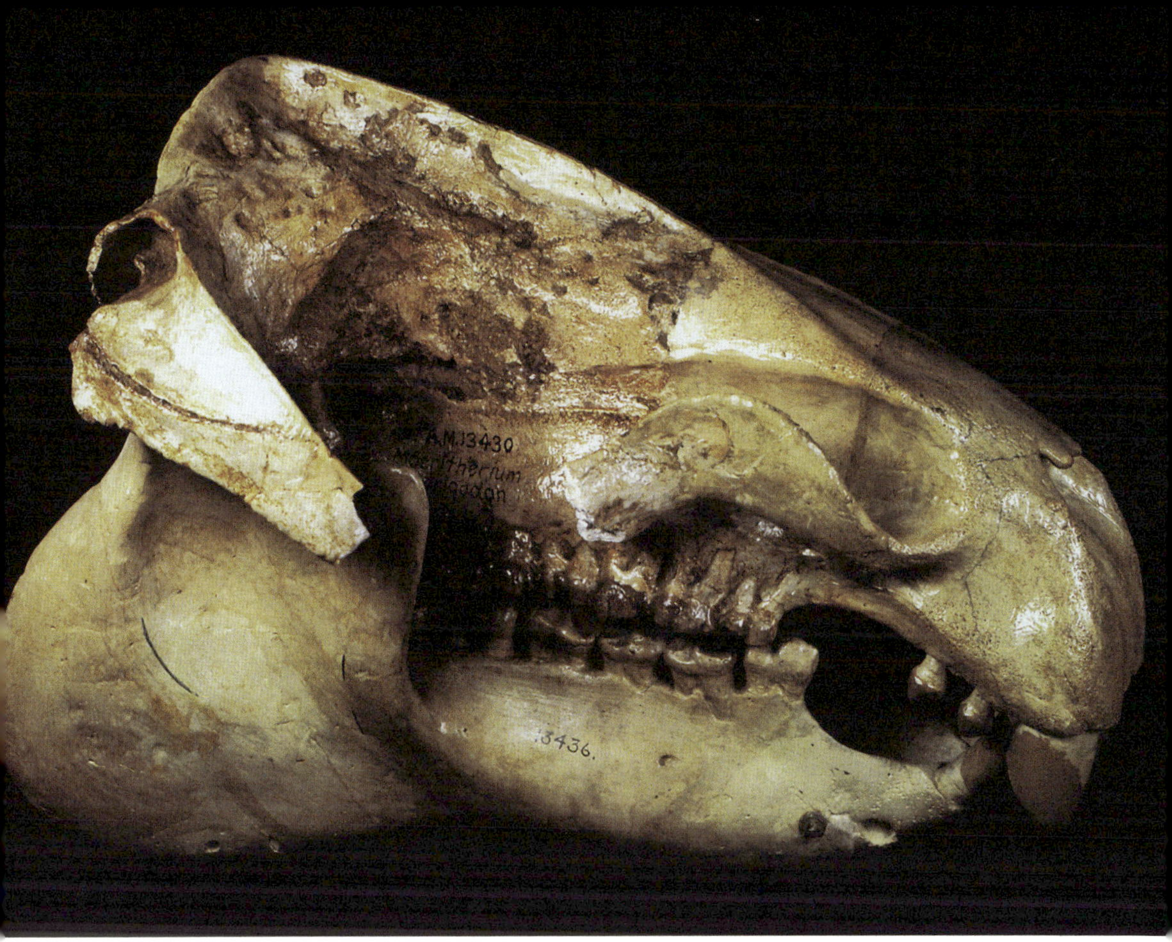

图121

始祖象（*MOERITHERIUM*），一种原始象。

渐新世早期（距今约3500万年）。埃及法尤姆地区。

尽管象类体形庞大，传代时间也更长，但通常情况下，其进化速度比很多小型哺乳动物都要快。

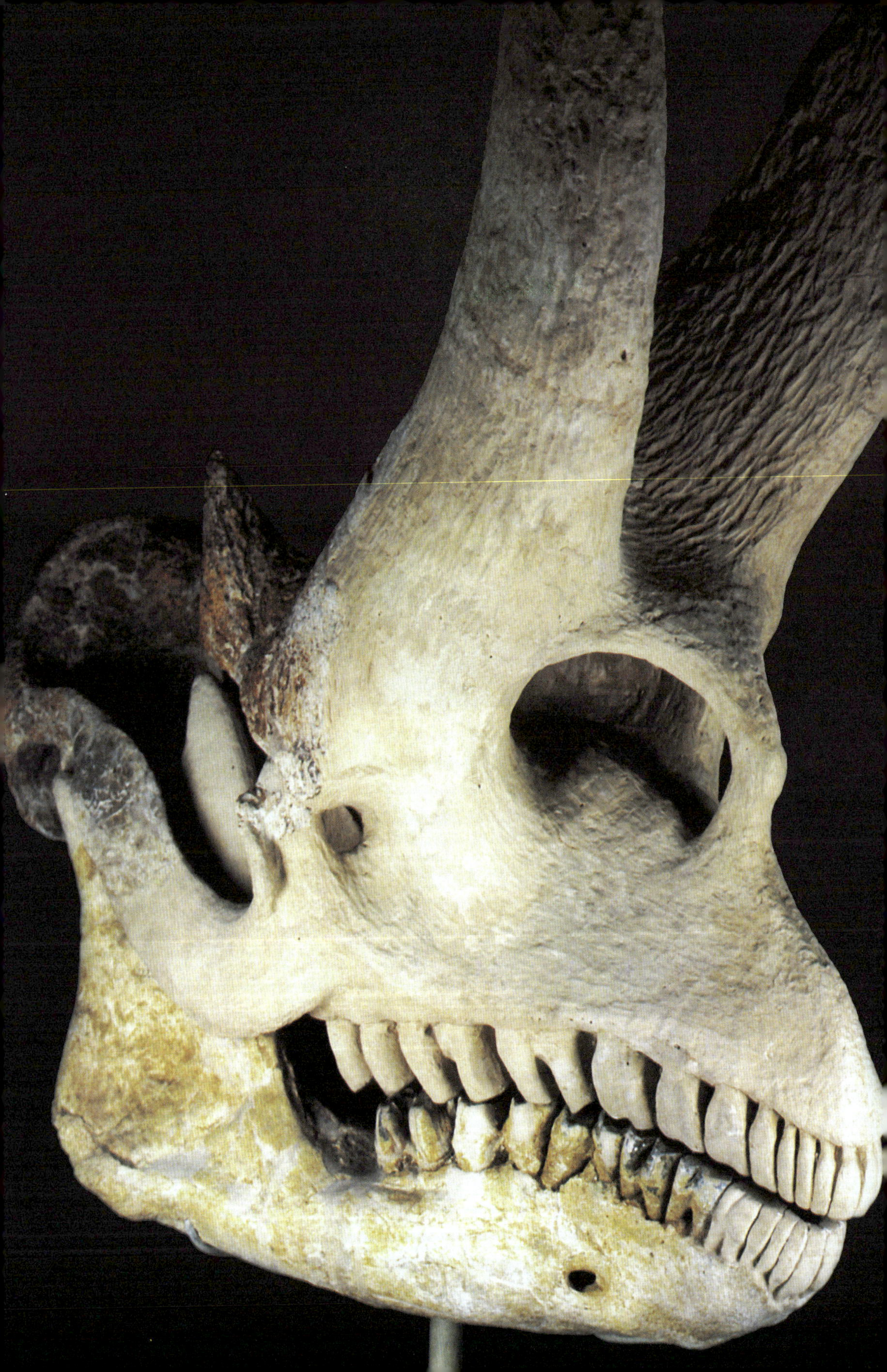

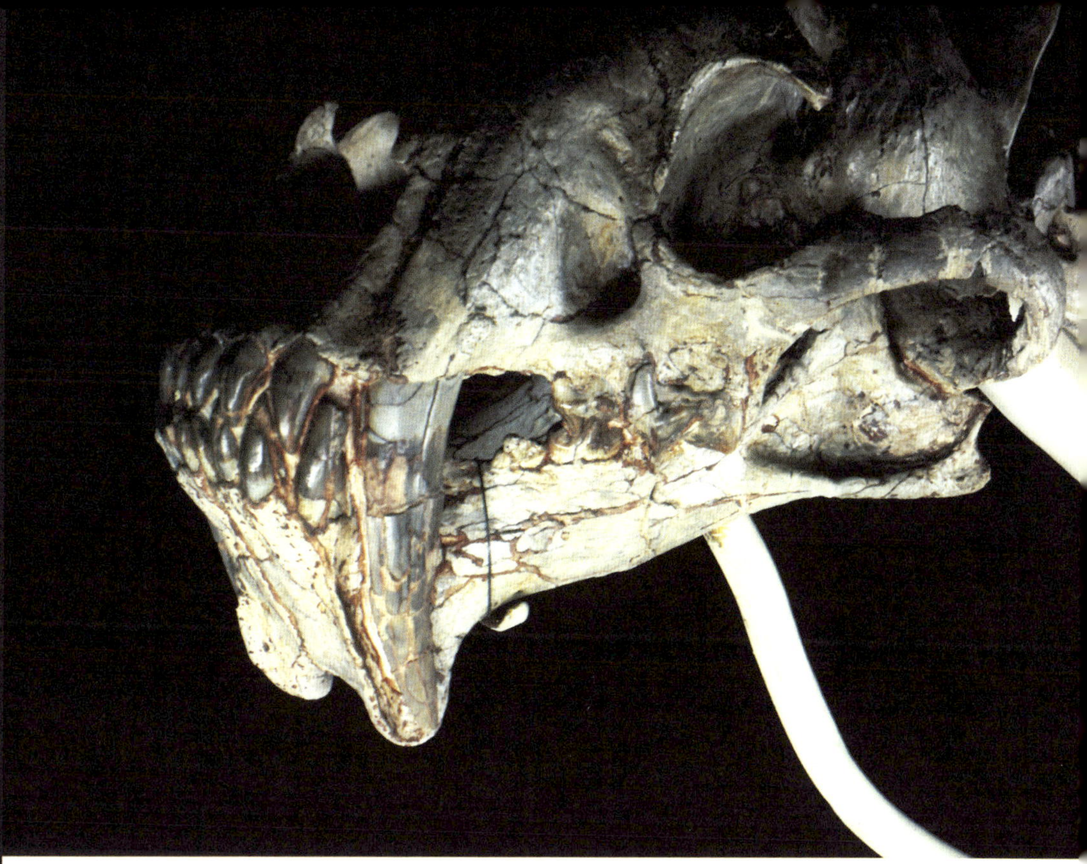

图123

原始伪剑齿虎。

剑齿类哺乳动物的早期形态，与真正的猫科动物关系密切。

渐新世（距今约3 000万年）。南达科他州。

达尔文意识到，随着地质时间的推移，进化可以孕育出各种各样的生物形态。宏观进化研究的正是地质时间中的大规模进化演变。

图122

重脚兽（*ARSINOITHERIUM*），一种犀牛大小的原始哺乳动物。

渐新世早期（距今约3500万年）。埃及法尤姆地区。

除了最古老的鲸和象等重要物种外，埃及化石层还让世人看到了很多彻底灭绝的异兽，这些物种的进化关系尚不明确。

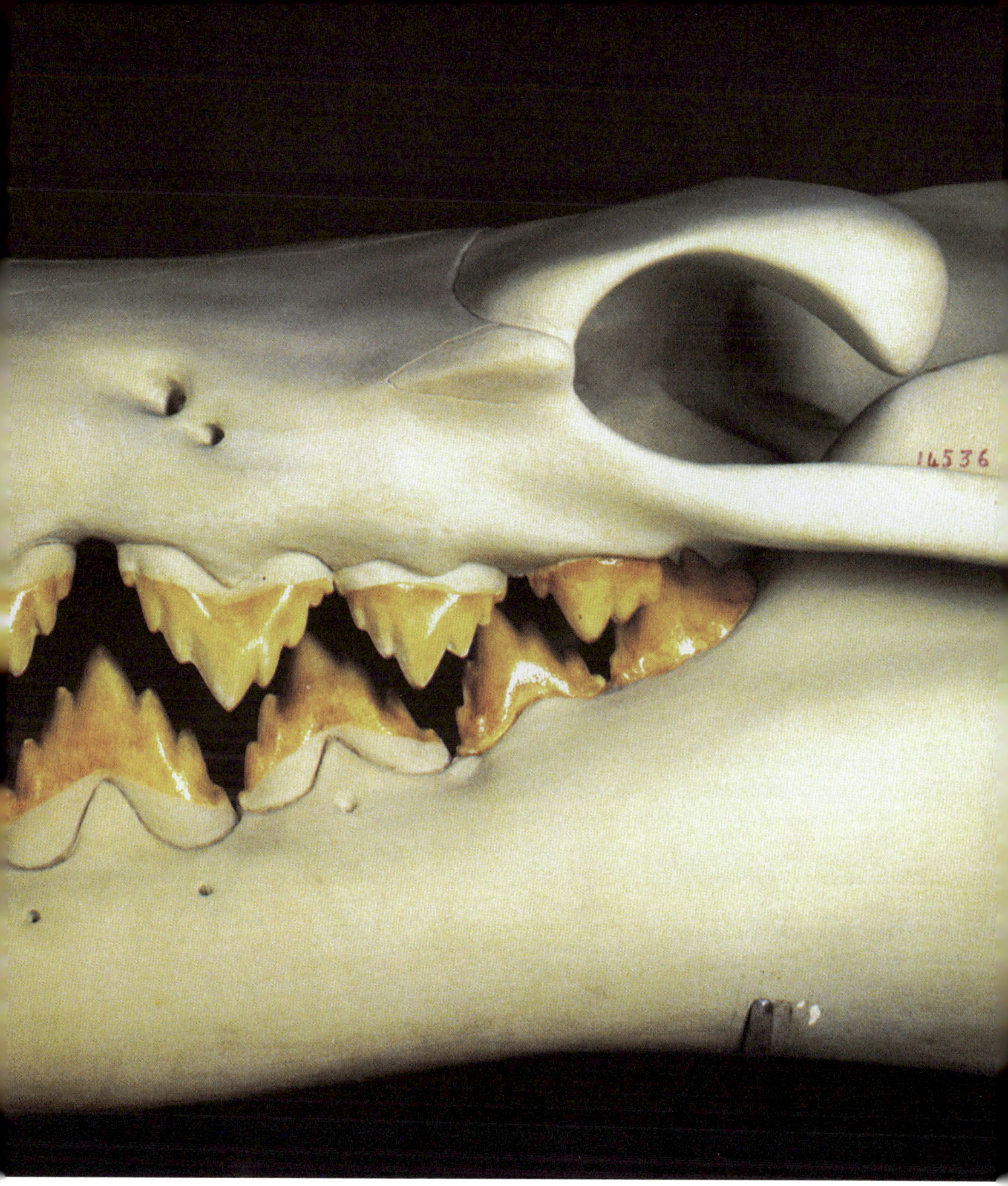

图124

泽沟鲸（*PROZEUGLODON* SP.），一只原始鲸的头骨重建模型

始新世后期（距今约3800万年）。埃及法尤姆地区。

虽然泽沟鲸属于原始鲸类，但它无疑具备了现代鲸的基本形态。

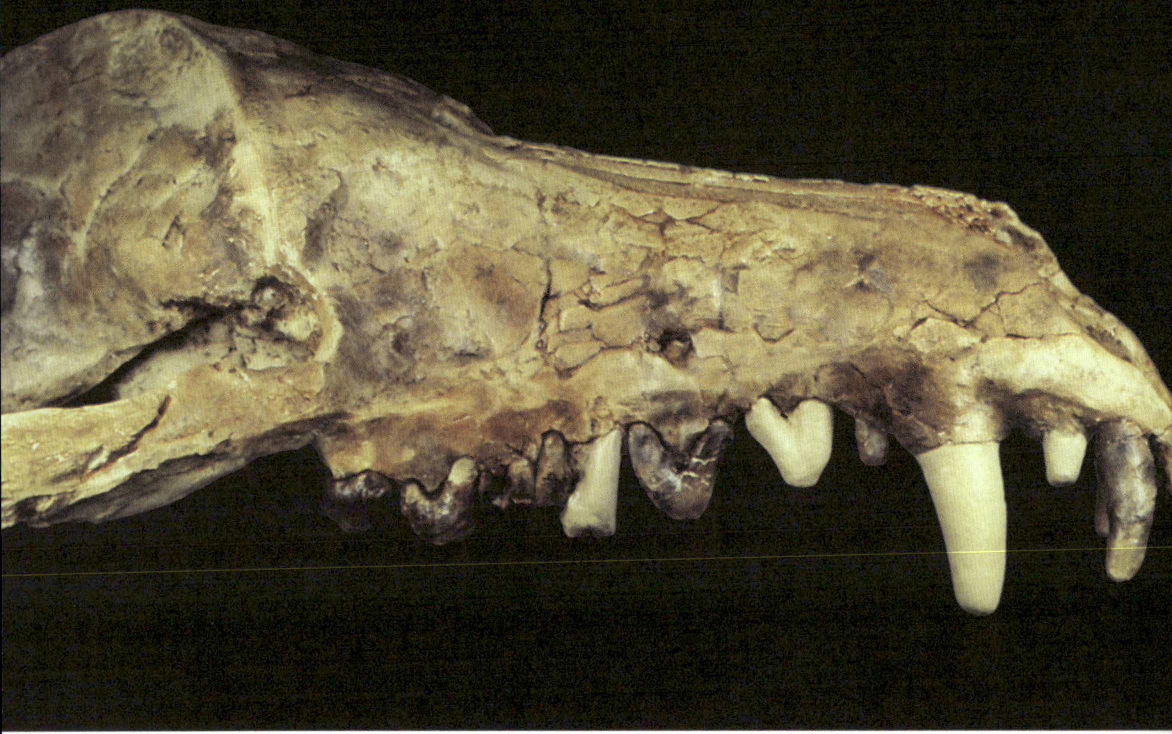

图125

蒙古安德鲁斯兽（*ANDREWSARCHUS MONGOLIENSIS*），一种与鲸关系密切的原始陆生哺乳动物。

始新世中期（距今约4500万年）。蒙古。

尽管近期发现的化石正在拉近鲸和哺乳动物之间的距离，但截至目前，和已经出土的陆生哺乳动物化石相比，绝大多数原始鲸仍然更像进化程度更高的现代鲸。

图126

麦塞尔达尔文猴（*DARWINIUS MASILLAE*），一种类似狐猴的灵长类动物。

始新世中期（距今约4700万年）。德国巴伐利亚州艾希施泰特的梅塞尔页岩。

我们自己所属的灵长目进化史总能引起人们的强烈兴趣。这是另一块来自梅塞尔页岩的完好化石，揭示了早期灵长类动物向高等灵长类动物（即猴子、猿类和人类）过渡的过程。

来源：约恩·哈拉尔德·胡鲁姆（Jørn Harald Hurum），奥斯陆大学（University of Oslo）。

点与化石记录所揭示的大规模进化模式结合起来。在此过程中，他对鲸呈现出的进化模式产生了浓厚的兴趣。诚然，人们没有发现鲸的陆生祖先和始新世鲸之间的过渡形态，但辛普森并未将这种现象归因于化石记录的空白，而是看出了完全不同的信息：他意识到，鲸的化石记录揭示了有关进化本质的重要问题。根据他的推算，若将达尔文的传统观点（即进化通常是匀速、稳定、缓慢且逐步渐进的过程）应用到鲸这样的案例，就会得出荒谬的结论。我们不妨计算一下，在始新世鲸一步步变成现代鲸的 5 000 万年时间里，各个解剖特征的平均进化速度究竟是多少，然后再用计算出的鲸类进化速度进一步推算出陆生动物到始新世鲸所需的进化时间。假设鲸在以上两个阶段的进化速度相同，那么从陆生动物进化到原始水生鲸至少需要 1 亿年（甚至更长）的时间。

辛普森认为，这个结论显然很荒谬。从始新世向前推移一亿年就是中生代中期，此时，哺乳动物还只是非常原始的小型陆生动物，类似于现代的鼩鼱和刺猬等“食虫动物”，算不上真正的哺乳动物（见第 189 页图 126）。而鲸则由进化程度更高的陆生哺乳动物进化而来，可能是“石炭兽”中的一种，该物种与河马有亲缘关系，可能也是鲸的近亲。

于是辛普森总结说，我们不能将过渡形态的缺失归因于化石记录的空白（实际上，现代研究已经揭示出了更多陆生哺乳动物和“纯种”鲸之间的过渡细节）。他意识到，唯一合理的结论就是，进化——特别是大规模的、真正的宏观进化——肯定要比物种形成以后缓缓开展的进化演变快得多。

辛普森还发现，鲸的进化并非个例，在研究哺乳动物的古生物学家眼中，蝙蝠的进化也呈现相同的特征：最早的蝙蝠也出现在始新世，虽然具备原始形态，但从本质上讲，它们仍然有着明显的蝙蝠特征（见第 191 页图 127）。芬尼氏爪蝠（*Onychonycteris finneyi*）是目前保存最完好、年代最古老的始新世蝙蝠化石之一，其生活的年代距今约 5 250 万年，爬行动物学家南希·西蒙斯（Nancy Simmons）发现，这种蝙蝠的听觉系统已经完成了复杂的适应性转变，能够实现回声定位，它相当于蝙蝠的天然声呐，可以帮助蝙蝠在黑暗中导航并用翅膀捕捉昆虫。另外，蝙蝠一定也由白垩纪末期的小型陆生有蹄动物迅速进化而来，与鲸、有蹄动物和肉食动物有一定的亲缘关系。

与此同时，呈现这种进化模式的也不只有哺乳动物。几乎所有主要动植物类群都呈现出相同的化石模式：它们通常会突然出现在化石记录中，而且在接下来的几千万年里都没有太大的形态变化。这种进化模式与物种层面的进化并无分别，只是规模更大、范围更广。新物种的出现相对突然，也就是说，其过渡期非常短暂，几乎找不到亲代物种

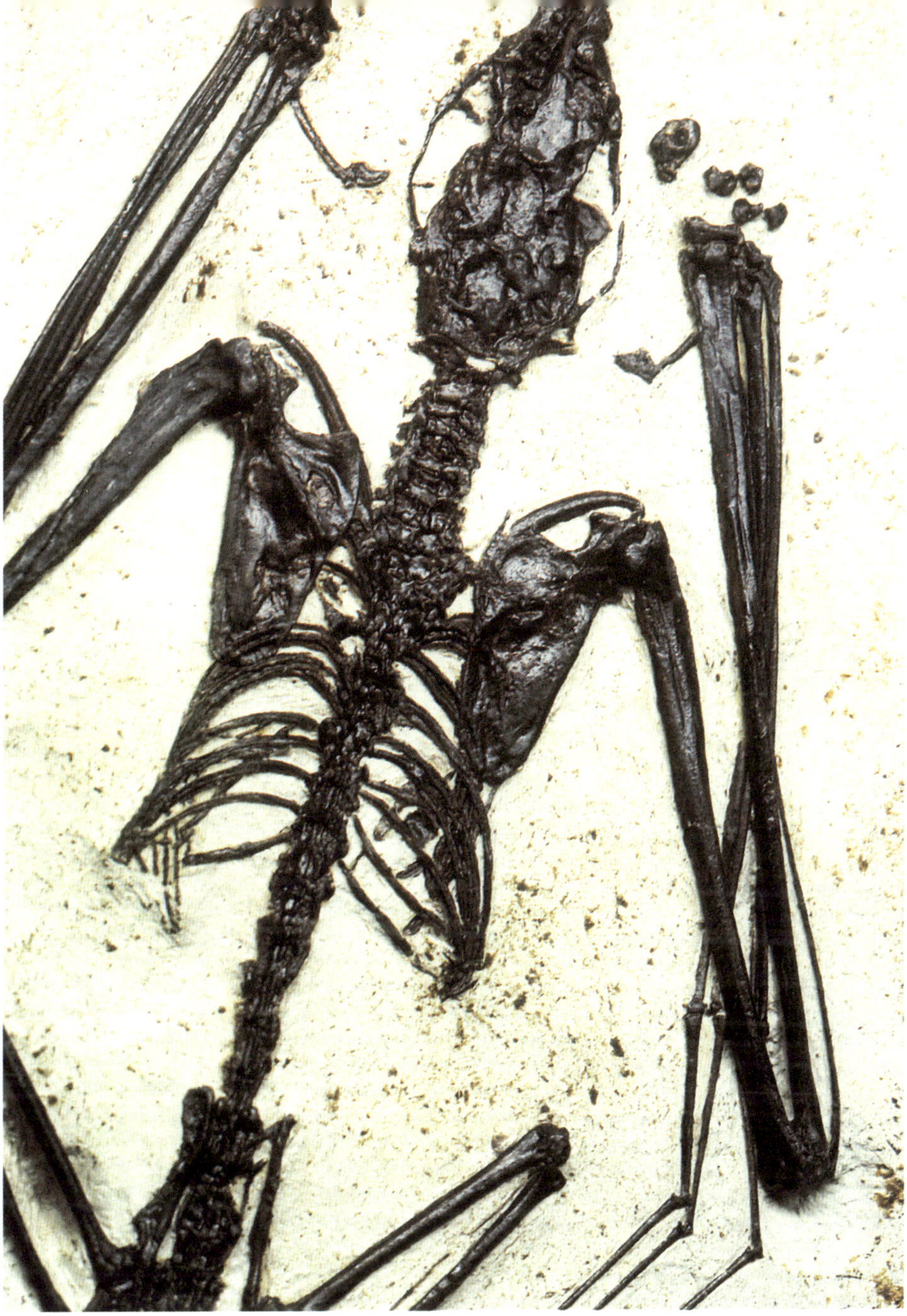

图127

伊神蝠（*ICARONYCTERIS INDEX*），一种原始蝙蝠。

始新世早期（距今约5200万年）。怀俄明州。

原始蝙蝠已经具备了现代蝙蝠的所有基本特征，而且它们还与四足陆生哺乳动物祖先有着很大的差异。

和后代物种之间的过渡样本。新物种诞生以后通常要经历一段漫长的稳定期或停滞期，在此期间，生物几乎不会进一步演变——这就是间断平衡现象。如前所述，这种进化模式甚至更为普遍：目前已知的所有标志大型生物群体（如科、目或纲）起源的重大适应性变化几乎都发生得很快——相比之下，这些大型生物群体在往后的漫长历史中往往进化得相当缓慢（见第 193 页图 128）。

面对这种迅速甚至爆发式萌芽的适应性创新，面对快速崛起、与众不同的新类群，我们又该作何解释？我们不禁再次发问：这些模式是否意味着我们必须摒弃达尔文的理论，否认物种通过自然选择来实现适应性变化的观点？某些进化生物学家（即“突变论者”）觉得应该如此，但辛普森却不这么认为；在他看来，我们只需对达尔文的观点略作修改，就可以解释化石记录所揭示的实际进化模式。

宏观进化与过渡物种问题

物种在进化过程中迅速变化并不意味着自然选择不会在亲代物种和后代物种之间孕育出一系列过渡形态。然而，这种快速进化最有可能发生在规模较小且集中分布的种群之中，如此一来，人们在化石记录中找到过渡形态的可能性就会降低。在间断平衡模式下，我们最有可能发现的是那些在漫长进化过程中保持稳定且分布广泛的物种化石；相比之下，我们不太可能找到规模较小且集中在特定区域的过渡物种。同样，大型生物群体的快速萌芽过程也很难捕捉。我们可以找到小型陆生有蹄动物的化石，甚至还能找到罕见的蝙蝠化石，但介于古新世原始动物和蝙蝠之间的过渡物种却没有露出丝毫踪迹。

然而，过渡物种确实存在，若是足够幸运，我们也能找到其踪迹，与此同时，这些化石也能充分证明达尔文对宏观进化的基本解释。例如，现在的南非干旱台地高原埋藏着丰富的二叠纪和三叠纪化石，展现了一条逐步向哺乳动物进化的爬行动物序列（见第 194 页图 129、图 130）。哺乳动物下颌和头骨之间的关节由两块骨头构成，一块是下颌上的齿骨，另一块是头骨上的鳞骨；而爬行动物的关节则由头骨中的方骨和关节骨组成。有些南非出土的化石其实会呈现双重颌关节结构，其中既有原始爬行动物的方骨，又有哺乳动物新进化出的齿骨—鳞骨连接结构。后来，齿骨—鳞骨结构逐渐取代方骨和关节骨，成为“正宗”哺乳动物唯一的颌关节结构，而方骨和关节骨则变成砧骨和锤骨这两块小骨，连同爬行动物已具备的镫骨一起，构成了所有哺乳动物特有的 3 块中耳听小骨。化石记录并没有详细展现下颌关节到中耳骨的最终转变过程，但所有现存哺乳动物仍会在胚胎发育时重复这一过程。

始祖鸟（*Archaeopteryx*）是目前已知最古老的鸟类之一，也是解剖结构在

图128

马约氏巴塔哥巨龙（*PATAGOTITAN MAYORUM*）股骨，迄今为止体形最大的恐龙。

白垩世中期（距今约9500万年）。阿根廷巴塔哥尼亚特雷利乌（Trelew）。

这只植食性恐龙身长37米，股骨长2.4米，肩高7米，体重约50吨。除了最大的肉食性恐龙外，所有动物都不敢靠近这样的“庞然大物”。

来源：威廉·希克林（William Hickling）

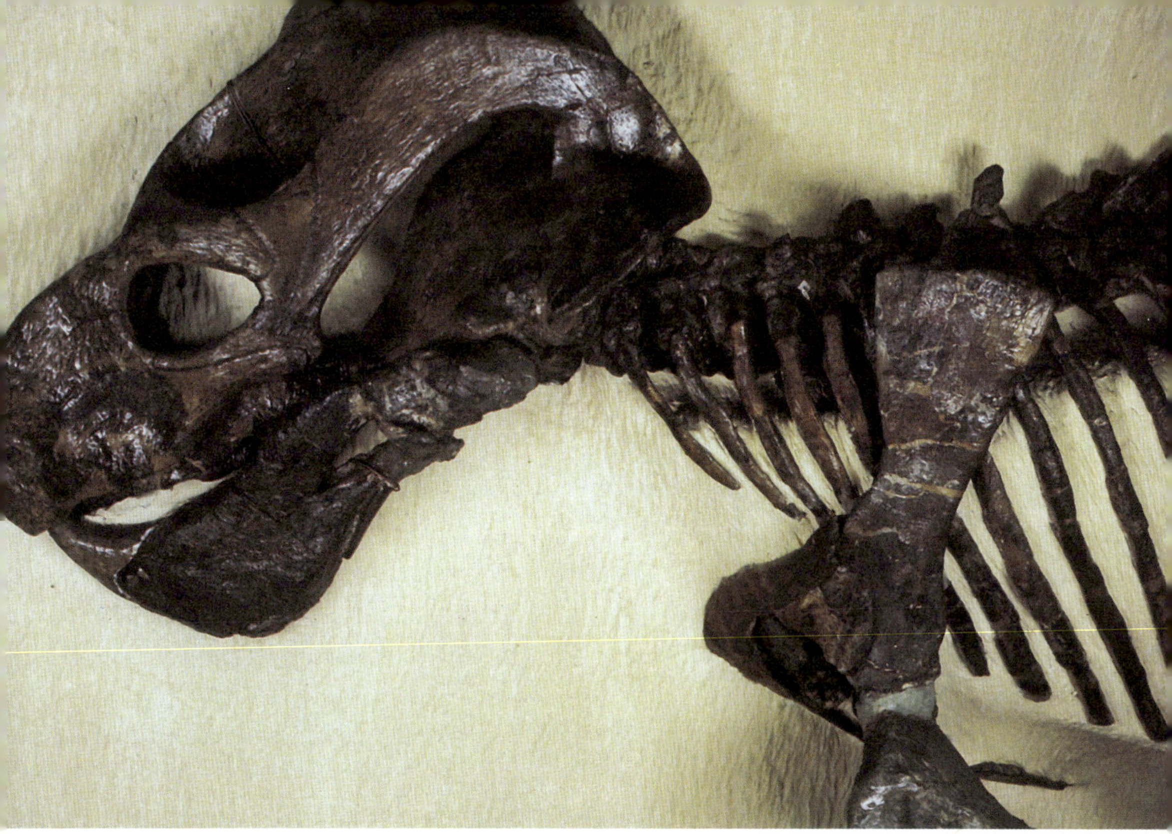

图129

内齿兽（*ENDOTHIODON ANGUSTICEPS*），一种二齿兽（*DICYNODONT*）（原始哺乳类爬行动物）。

二叠纪后期（距今约2.47亿年）。南非。

内齿兽的颌关节结构与古老的爬行动物一致，且中耳只有一块骨头（即镫骨）。

图130

卡岩塔兽（*KAYENTATHERIUM WELLESI*），属于三瘤齿兽科（Tritylodontidae，高级哺乳类爬行动物）。

侏罗纪早期（距今约2.08亿年）。亚利桑那州格兰峡谷群卡岩塔组（Kayenta Formation, Glen Canyon）。

三瘤齿兽具备原始爬行动物的颌关节结构，但前者的颌关节却更加简单，与此同时，其齿骨也大幅扩展，说明它们很可能是爬行动物和哺乳动物之间的过渡物种。

来源：帕特里夏·霍尔（Patricia Hol），加州大学古生物学博物馆（University of California Museum of Paleontology）。

两种主要类群之间的典型物种——对始祖鸟而言，其亲代和后代物种分别为陆生爬行动物（其实是肉食性恐龙）和现代鸟类。始祖鸟生活在侏罗纪中期，目前只出土了5个化石标本，且全部来自德国南部巴伐利亚的索尔恩霍芬石灰岩（见第197页图131）。实际上，这种石灰岩颗粒非常细腻，最初是作为平版印刷原料开采的。索尔恩霍芬石灰岩不仅能将艺术作品的细节完美呈现在印刷品上，还能完好地保存远古时代留下的解剖细节，我们甚至能在骨骼周围看到纤细的羽毛痕迹——当然，羽毛是鸟类的标志。

进化过程中的"过渡体"究竟指什么？我们可能会认为，从各个方面来看，介于两足肉食性恐龙和家雀之间的生物都是过渡型。但实际情况并非如此：始祖鸟存在某些高级的鸟类特征，同时也存在某些原始特征，也就是从亲代爬行动物那里继承下来的解剖特征。始祖鸟长着鸟类的翅膀和羽毛，脸和尾巴却还是肉食性恐龙的样子。由此可见，始祖鸟兼具爬行动物和鸟类的特征。著名的加文·德比尔爵士（Sir Gavin deBeer）原本是胚胎学家，后来临时转为古生物学家，他在20世纪50年代围绕始祖鸟撰写了一本专著，里面提到，始祖鸟不是完全的融合体，反而更像"拼图结构"。

达尔文的基本理论认为，生物会通过自然选择来适应环境，这一理论依然成立。但他原来简单地将大幅度变

图131

印石板始祖鸟，目前公认的最古老的鸟类。

侏罗纪后期（距今约1.5亿年）。德国巴伐利亚州艾希施泰特的梅塞尔页岩。

这是介于爬行动物和鸟类之间的著名过渡物种，是进化史中的关键节点。目前发现的始祖鸟化石仅有7具。

化视为微小变化长期积累的结果，这种观点显然行不通（见第198页图132、第199页图133和图134）。辛普森认为，化石记录与这种简单的解释相矛盾，因为进化速度绝不是恒定的。但与此同时，化石记录还能揭示更多有关重大适应性变化发生背景的信息，这是生命历史模式中的另一个关键要素，对弄清物种进化过程中的重大适应性变化至关重要。

宏观进化模式

自然界里确实没有真空。如今的进化古生物学家深信，这句古老格言不仅适用于其他自然现象，也适用于进化过程。在小范围内，如果变异无可避免，自然选择会迅速改变生物的特征，从而适应小幅度变化的环境。而从生态角度来看，如果出现了栖息地，生物就会迅速转移，并抓住新的生存机会。火山岛就是一个很好的例子：1883年，爪哇岛和苏门答腊岛之间的喀拉喀托火山（Krakatoa）爆发，岛上的所有生物都毁于一旦。可不久之后，植物便重新出现，各种动物也紧随其后，它们都是

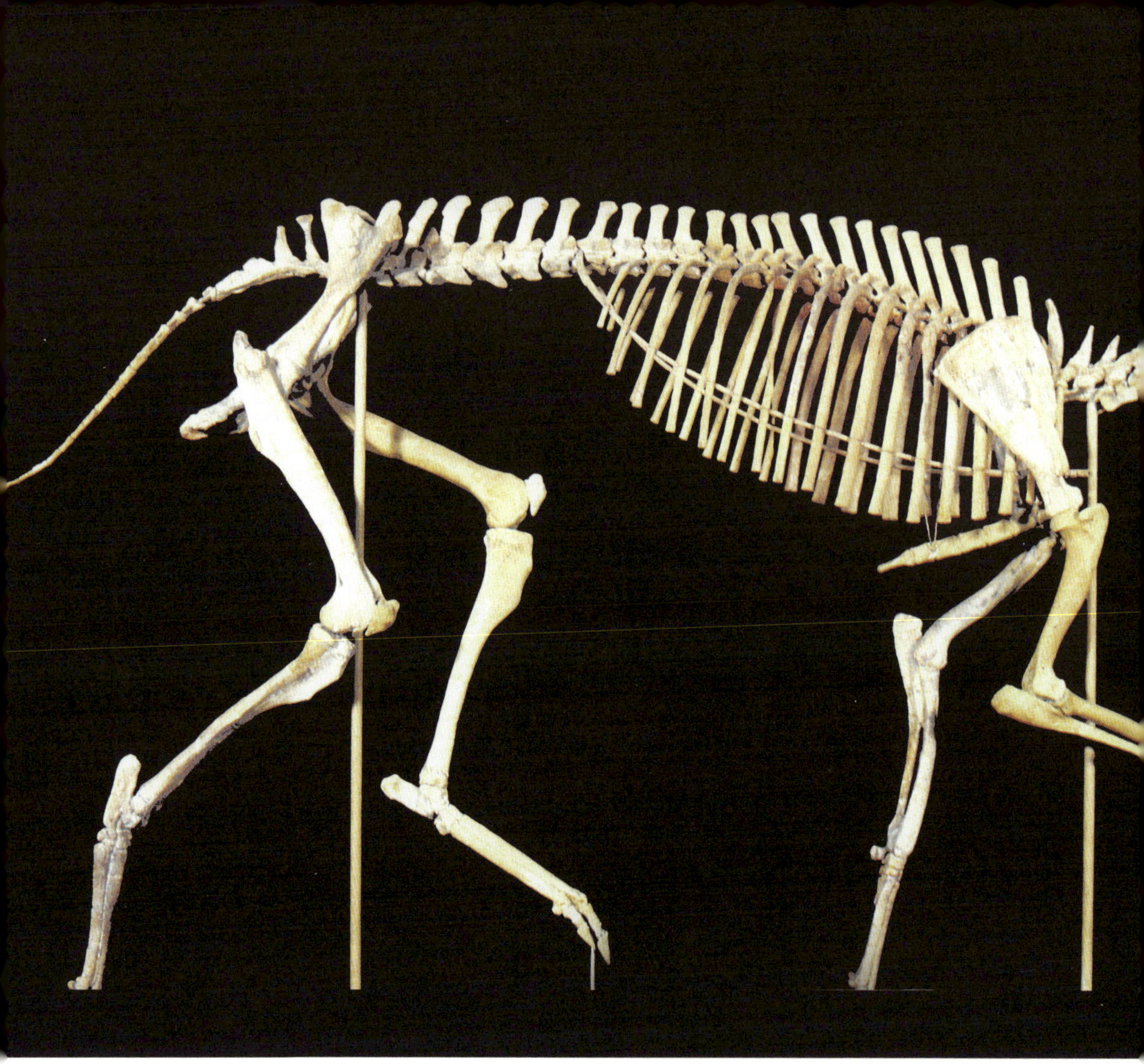

图132

贝氏渐新马（*MESOHIPPUS BAIRDII*），一种原始马。

渐新世（距今3 000万年）。南达科他州。

虽然马的大部分进化过程都发生在北美，但早期研究的马类近亲化石却集中在欧洲，这些研究最先在化石记录中应用了达尔文的进化论（见第180页图120）。

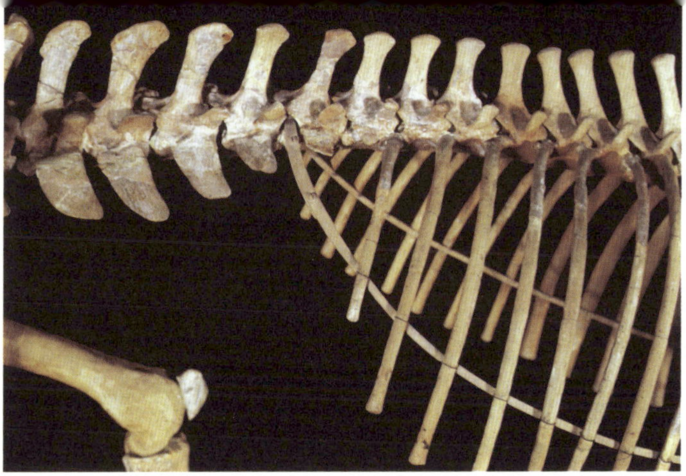

图133

贝氏渐新马，图132标本的另一视角。

乍一看，马类进化过程中的相对体形、足趾数量及牙齿结构变化似乎呈渐进趋势。然而，乔治·辛普森指出，马的进化不仅是单一谱系内的性状变化，还是不同物种从始新世至现代的持续分化。

图134

贝氏渐新马，图132标本的特写视图。

辛普森将马类进化过程当作“量子进化”的支持论据——在他看来，马从食叶到食草的习性变化是一种非常迅速且彻底的适应性转变。

从邻近的大岛迁徙过来的。同样，1966年才从冰岛附近的大西洋中部海域升起的叙尔特塞岛（Surtsey）也迅速成了众多动植物的栖息地。

宏观进化也呈现出极其相似的模式，而这种模式也为人们理解生命历史的动态变化提供了重要线索。化石记录显然揭露出一个客观规律：当生存机会来临时，若没有（或只有极少）物种能够加以利用，新的物种就会出现，它们能够抓住机会，在新的环境中生存繁衍。若自然界中出现广阔的可用空间，生物就会积极进化，规模更大的变化也会随之而来。

有两种情况会导致呈现出未经开发的进化领域，在这种领域中，生物往往会迅速发生重大的进化演变。其中一种情况是生命系统第一次面对全新的栖息地。而另一种情况是单个谱系的生物进入其他生物栖息过的环境。比如，鸟类和昆虫——以及中生代便已灭绝的飞行爬行动物（翼龙）——早在蝙蝠飞上天空之前就已经会飞了。同样，各种海洋爬行动物（蛇颈龙和鱼龙）早在鲸这种哺乳动物进入海洋之前，就已从陆生动物进化成了海洋生物。

这些还只是单独的例子。当完整的新领域首次开放时，情形就大不相同了。这类事件就是生命历史上意义最重大的里程碑事件。而在多细胞动植物进化的过程中，有两个时期尤为关键。第一个是距今约5.7亿年的寒武纪初期，当时，复杂动物的种类突然呈爆发式增长。第二个是志留纪时期，很多不同谱系的生物开始进入陆地，先是高等植物的进化，后来又是不同的节肢动物谱系（昆虫、蜘蛛及其近亲）、软体动物和环节蠕虫，当然还有脊椎动物。生物最初当然生活在水里，也就是数十亿年来覆盖地表大部分区域的远古海洋。所有主要门类的进化过程都发生在波涛之下。这些远古生物留下的化石表明，宏观进化模式早在生命历史早期就已形成（图135）。

图135

种类不明的叠层石，是一种石化的蓝绿藻。

前寒武纪（距今约15亿年）。加利福尼亚州死谷（Death Valley）。

这种叠层石形成于多细胞生命出现以后。

最早的化石是简单的细菌，距今约35亿年。在生命历史最初的15亿年里，细菌似乎是唯一的生命形式——不过，其中也有部分单细胞“原核生物”会聚在一起，形成垫状结构，并层层叠加，最终在海底形成卷心菜状的、体积更大的小丘（图136）。复杂的单细胞生物（即“真核生物”）出现在距今约20亿年的岩石之中。除细菌以外，所有生物都有真核细胞，藻类和变形虫也都是单细胞真核生物。但植物、动物甚至真菌都是多细胞生物，其基本真核细胞结构与低等单细胞变形虫并无分别。地球化学证据表明，在原核生物出现到真核生物诞生之间的20亿年里，地球大气层终于通过火山喷发时的气体排放以及早期原核生物的光合作用获得了足够的氧气，因而从还原介质变成了氧化介质。绝大多数现代生物的生理活动都直接依赖氧气。

如今，我们对暴露在前寒武纪大气中的陆地环境知之甚少。但有一点可以明确：生命诞生于海洋，并在数十亿

图136

隐生藻（*CRYPTOZOON*），一种叠层石。

寒武纪后期（距今约5.15亿年）。纽约州萨拉托加泉（Saratoga Springs）。

细菌是地球上最早的生命形式，并且在大约20亿年的时间里是地球唯一的生命形式。如今，叠层石还在澳大利亚的鲨鱼湾（Shark Bay）等地持续形成。

年的时间里完全生活在水中。在复杂细胞生命出现后，生命至少在微小水生原核生物和真核生物阶段停留了 6 亿年。然后，大约从 6.35 亿年前开始，小型有壳无脊椎动物的痕迹开始出现在化石记录中。

在寒武纪前 2 000 万年左右，我们发现了大型复杂多细胞生命出现过的确凿痕迹，这也是目前发现的最古老的痕迹。澳大利亚埃迪卡拉山等地的软体珊瑚和蠕虫类生物遗迹就是目前已知最古老的后生动物（即复杂动物）遗迹。在寒武纪初期，三叶虫和腕足动物等谱系突然出现，而那些软体珊瑚和蠕虫类生物是否为以上谱系的前身，如今仍是古生物学家们争论的焦点（见第 205 页图 137）。

近年来，人们在寒武纪初期的地层之下认真开展野外研究，最终发现了大量微小的贝壳化石，还有大型生物的足迹和爬行痕迹，其中当然包括原始三叶虫的痕迹。但在寒武纪初期，在短短 1 000 万年时间里，所有复杂动物的主要类群（即所有的门）都突然出现了。1 000 万年看似很久；多数情况下，这确实是一段漫长的时光。但想想看，自生命在化石记录中首次留下痕迹以来，已经过去了近 30 亿年的时间。再想想，自寒武纪初期，还没有新的动物门类出现（见第 206 页图 138）。如此看来，1 000 万年也并不漫长。

此时，熟悉的模式再度出现，只不过这次的规模相当宏大。具体而言，所有无脊椎动物——包括海绵、腕足动物、节肢动物（三叶虫、螯肢动物和甲壳动物）、软体动物以及与脊椎动物同属脊索动物门的无脊椎脊索动物——在较短时间内突然出现在世界各地。到寒武纪末期，所有主要硬壳无脊椎动物类群都已出现在化石记录当中，还有证据表明，脊椎动物此时也已出现（尽管目前已确定的最古老的鱼类化石年代在奥陶纪中期）（见第 207 页图 139）。是什么原因导致了物种数量的激增？为什么这种现象会出现在所谓的寒武纪初期？如今，人们仍然怀疑是大气中的氧气含量持续上升，导致海水中的氧浓度达到饱和，这种前所未有的氧浓度足以支持大型复杂动物完成代谢活动。海水中的氧张力超过临界值，从而创造出了适合生存的环境，然后，生物几乎在适宜环境出现的同时完成了进化。还有人提出，海平面上升和随之而来的海洋化学变化可能会促使有壳动物在相对短暂的时间里快速进化，还会促使脊椎动物形成典型的钙化骨骼。

机遇来临，生物世界的大门就此打开，生命以前所未有的形式蓬勃发展。而在 4 亿多年前的志留纪，当生命踏上陆地时，同样的过程再次出现。先是原始植物在生态环境中占据一席之地（见第 208 页图 140），接着，第一批昆虫等陆生节肢动物也紧随其后，其中还包括各种蜘蛛类生物。而到距今约 3.85 亿年的泥盆纪中期，又出现了

图137

狄更逊水母（*DICKINSONIA* SP.），一种类似蠕虫的后生动物。

前寒武纪后期（距今约6亿年），澳大利亚埃迪卡拉。

前寒武纪后期的岩石中出现了大量软体动物化石，这些动物的进化关系仍待进一步考证。

图138

凶猛爪网虫（*ONYCHODICTYON FEROX*），现代天鹅绒虫的祖先。

寒武纪早期（距今约5.3亿年），中国云南省澄江。

研究表明，这种外形奇特的海洋动物与现代“天鹅绒虫”，即陆生有爪动物（*Phylum Onycophora*）存在亲缘关系。一直以来，人们都将有爪动物视为环节动物门（Annelida）和节肢动物门（Arthropoda）之间的过渡物种。

来源：西北大学刘建妮。

图139

叶笔石（*PHYLLOGRAPTUS* SP.），一种笔石纲（Grapto-lite）动物。

奥陶纪早期（距今约4.85亿年），美国爱达荷州（Idaho）。

在原始海洋中漂浮的灭绝动物笔石是半索动物（hemichordates）的近亲，也就是脊索动物（包括人类）的远亲。

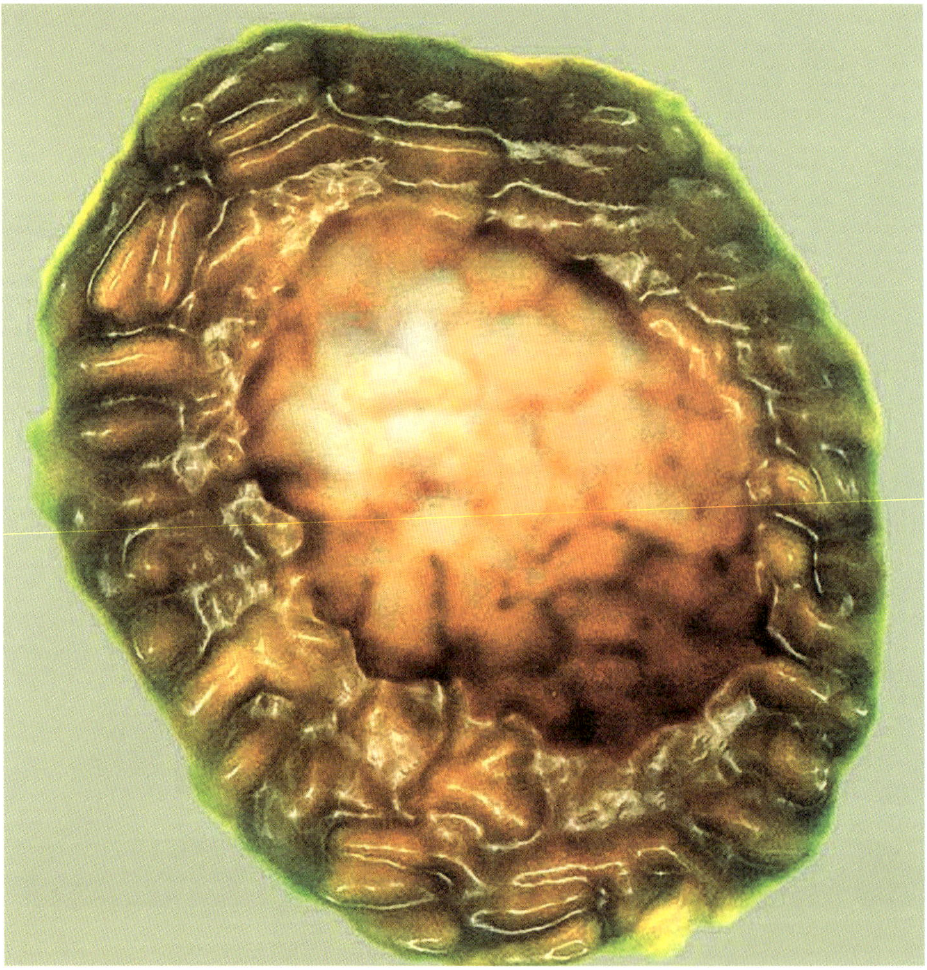

图140

早期多细胞陆生生物。

太古宙（距今约12亿年），苏格兰托里登海湾（Loch Torridon）。

这种微型化石表明，生物从海洋踏上陆地的时间远比先前以为的要早。

多种形式的复杂植物。最古老的森林此时也已出现，但其中只有树蕨。总鳍鱼（crossopterygian fish）长着肉鳍构成的附肢，其近亲是如今最常见的辐鳍鱼（actinopterygians），但二者的不同之处在于，总鳍鱼的肺并没有变成鳔，因此非常适合在陆地长时间活动。于是，它们很快就进化成了最早的两栖动物。

但寒武纪和志留纪的生命大爆发却属于特殊情况。大多数谱系在进化过程中并没有进入所谓的未经开发的进化领域。不难想象，生物在克服了从前难以解决的生理问题（如缺氧或缺水）以后，就会大量繁殖，并占据各种各样的生态位。但宏观进化绝没有这么简单；进化历史太过漫长，随着时间的推移，生物也会出现无数适应性变化，而这些变化并不是单纯靠进入全新生态领域就能实现的。新的生态系统成功建立并充分运行以后，究竟会出现怎样的情况？生态系统的命运又将如何影响宏观进化的过程？

灭绝与宏观进化

近年来，我们对恐龙的认知有了根本性的变化。在野外和实验室辛勤工作的古生物学家比以往任何时候都要多，在此过程中，他们越来越了解恐龙这一远古生命的象征。如今，几乎人人都知道恐龙最早出现在三叠纪后期，并在地球生存了 1.5 亿多年，最终在白垩纪末期著名的大灭绝事件后销声匿迹（见第 210 页图 141）。

恐龙是中生代陆地生态系统的主要动物群体。植食性恐龙有大有小；有些过着群居生活，甚至还可能随季节迁徙；除此之外，还有体形各异的肉食性恐龙。如今，东非等热带地区的哺乳动物群体形成了极为复杂的生态系统，而中生代的很多恐龙群落也展现出了同样的生态复杂性（见第 210 页图 142）。

在电影《哥斯拉大战金刚》中，聪明伶俐的金刚在与四肢发达、头脑简单的哥斯拉展开搏斗时，主要依靠智慧来对抗敌人强健的体魄。其实，这段情节是用虚构的手法再现了曾经广为流传的恐龙灭绝原因：当时人们普遍认为，恐龙之所以灭绝，是因为新出现的哺乳动物通过智慧赢得了生存游戏。属于恐龙的时代已经结束，它们再也无法与更加精明的哺乳动物同台竞争，最终被对手取代——从此，历史的帷幕正式拉开。

当然，这种观点如今已和恐龙一样，彻底成了历史。实际上，恐龙是一个非常活跃的物种，生存能力很强，而且在生态系统中扮演着多种角色。它们在自己的生命历史中经历了很多挫折，但却总能卷土重来，直到白垩纪末期才彻底灭绝。相比之下，哺乳动物与恐龙同时期出现，二者都在三叠纪后期化石记录中留下了痕迹，而早期哺乳动物却沦为“中生代的老鼠”，在由恐龙主导

图141

蒙古迅猛龙（*VELOCIRAPTOR MONGOLIENSIS*），一种肉食性恐龙。

白垩纪后期（距今约9 000万年），蒙古火焰崖。

从这只小型食肉动物的头骨不难看出，并非所有恐龙都是庞然大物。

图142

伯氏利索维斯兽（*LISOWICIA BOJANI*），原始哺乳动物，体形接近大象。

三叠纪后期（距今约2.08亿年）。

人们原本以为原始哺乳动物就是在恐龙脚下逃窜的“中生代老鼠”，但这种约4.3米高、重9吨的植食性爬行哺乳动物彻底推翻了原有的观点。

（A）左肱骨；（B）左桡骨；（C）颈椎；（D）胸椎；（E）左骨盆；（F）左股骨；（G）左胫骨；（H）左腓骨；（I）左尺骨；（J）左肩胛骨；（K）融合颅骨；（L）浅灰色部分为缺失的骨骼。

来源：乌普萨拉大学的格热戈日·涅季维茨基（Grzegorz Niedzwiedzki, Uppsala University）和波兰科学院的托马什·苏勒杰（Tomasz Sulej, Polish Academy of Sciences）。

的生态群落中扮演着不起眼的角色（见第 212 页图 143）。

中生代末期的 K–T 灭绝事件无疑是生态系统的大崩溃，它摧毁了无数生命，恐龙也是其中之一。所以，恐龙灭绝的原因并不在于它们本身。实际上，如果它们没有在那场浩劫中消失，“聪明的”小型哺乳动物可能还在恐龙脚边逃窜，默默无闻地生存下去。哺乳动物虽然也在那次大灭绝中遭遇重创，却还是幸存了下来。只有在全球生态系统崩溃、恐龙等多种动植物彻底消失以后，它们才终于摆脱强敌，开始应对地球生活（见第 213 页图 144）。

这正是灭绝在宏观进化过程中的作用。在生物进化史中，历经漫长岁月的生物群体屡见不鲜，其中往往包含多个物种（但如前所述，在各个地质时期，活化石所在的谱系往往只包含极少物种）。单个物种不断灭绝，新物种不断进化，但整个生物群体却没有出现过大幅度的进化创新。接着，该群体的规模会在某次灭绝事件中急剧缩小。如果其中部分成员能幸存下来，那么后续通常会出现一段增殖期，只是增殖往往存在滞后性，因为生命的恢复需要时间，而在物种形成的过程中，自然界也需要一段时间来为空缺的生态位填补新成员。通常情况下，进化创新会在此时出现。

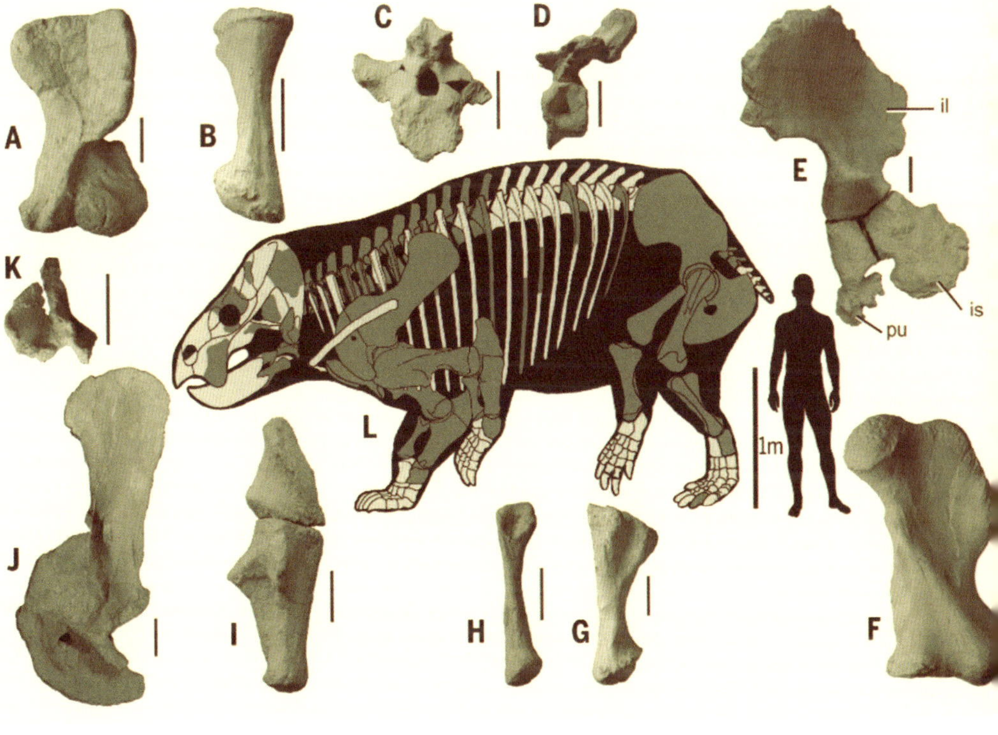

图143

攀援始祖兽（*EOMAIA SCANSORIA*），迄今为止最古老的胎盘动物。

白垩纪早期（距今约1.25亿年），中国辽宁省义县组。

这种类似鼩鼱的哺乳动物化石将真兽（即胎盘动物）起源时间提前至白垩纪早期。

来源：罗哲西，芝加哥大学。

图144

BUXOLESTES PISCATOR

一种类似水獭的胎盘动物（*Bux-olestes*）。

始新世中期（距今约4 500万年前），德国巴伐利亚州艾希施泰特的梅塞尔页岩。

恐龙等大型爬行动物灭绝后，哺乳动物首次出现进化辐射现象，该属物种就是此次进化辐射的产物。

来源：加布里埃莱·格吕贝尔（Gabriele Gruber），达姆施塔特黑森州立博物馆（Hessisches Landesmuseum Darmstadt）。

头足纲的菊石亚纲就是典例。这种有壳生物起源于泥盆纪早期，其祖先与鹦鹉螺类似，它们是鱿鱼和章鱼的近亲，有着精彩而悠久的历史。在古生代后期菊石大量繁殖，形成了庞大的规模，并留下了密集的化石记录，这些记录跨越古生代和中生代的边界，涵盖了整个中生代时期。最终，它们在K–T灭绝事件中和恐龙一起销声匿迹。菊石亚纲是地质学家的最爱，因为其化石记录丰富，而且进化速度快，地质学家能通过它精确划分整个古生代后期、甚至是中生代的地质时间。

菊石亚纲主要包含3部分，分别是棱菊石（*goniatites*）、齿菊石（*ceratites*）和菊石（*ammonites*）。它们的区别主要在于贝壳“缝合线”的复杂度（缝合线是由内部隔层和菊石外壳相交形成的结构）。其中棱菊石出现的时间最早，在有史以来规模最大的二叠纪大灭绝发生以前，它们一直在菊石动物群中占据主导地位。在所有菊石动物中，只有个别物种跨过了二叠纪和三叠纪之间的边界（图145）。其中一个

图145

指菊石（*DACTYLIOCERAS TENUICOSTATUM*），一种头足纲菊石。

侏罗纪早期（距今约1.85亿年），英国约克郡（Yorkshire）。

大部分齿菊石都在三叠纪末期灭绝，此后，菊石又出现进化辐射现象，这种指菊石就是辐射早期出现的物种。

物种为菊石亚纲的下一次繁荣带来了新的契机，它就是齿菊石，其缝合线更高级，也更复杂。然而，历史总是惊人的相似：在三叠纪末期的大灭绝事件中，齿菊石也灭绝了。这一次，又有少数物种侥幸存活下来，其中一个物种孕育出了进化程度更高的菊石，而菊石又大量繁殖，在接下来的中生代海洋中占据重要地位。

大灭绝事件结束后，新的生态系统也逐渐形成，其中的新成员可能直接源自不久前灭绝的物种，但多数情况下，它们并非灭绝物种的直系后代。恐龙的后裔是鸟类，而不是哺乳动物，但 K–T 灭绝结束以后，接替恐龙成为陆地霸主的却是哺乳动物。在比较温和的灭绝事件中，后代物种可能只是取代了自己的近亲——如第三章所述，北美中西部的海洋在泥盆纪中期干涸以后，生有 17 列透镜的镜眼虫就取代了自己的亲代物种。与此同时，有些新物种与旧物种之间的亲缘关系则介于两者之间，具体而言，生态位继承者可能是原物种的"旁系亲属"，但在继承灭绝物种的生态角色之前，它们需要先经历适应性改变。珊瑚的进化就是很好的例子，在大灭绝结束以后，经过进化的珊瑚取代了在大灭绝事件中消失的近亲珊瑚，扮演起相同的生态角色。

早在多年前，人们就知道古生代珊瑚消失于二叠纪 – 三叠纪灭绝事件。而在不久后的三叠纪，珊瑚再次出现，并重新开始建造珊瑚礁（见第 217 页图 146）。多年来，专家们一直就古生代皱纹珊瑚如何孕育出三叠纪珊瑚的问题争论不休，它们正是现存"石珊瑚"的直系祖先（见第 218 页图 147）。这两类珊瑚的内部解剖结构截然不同，就连石质骨骼组织中的碳酸钙矿物形态也不尽相同。如今我们已经知道，与现代珊瑚关系最近的其实是裸"海葵"，它们看起来很像珊瑚，但没有珊瑚坚硬的骨骼组织。目前的主流观点认为，现代珊瑚是裸海葵进化出坚硬钙质骨骼后形成的新物种，而该过程应该发生在古生代皱纹珊瑚完全灭绝、对应生态位空缺以后（见第 218 页图 148）。

显然，灭绝为生物提供了某种进化机会，如前所述，当生物进入未被其他生物占据过的全新生态空间时，也会出现这样的机会。无论是在已形成的生物群体内部，还是在新的适应性变化出现的过程当中，大幅度的进化演变几乎总发生在重大灭绝事件之后。而且，灭绝事件不仅涉及孤立谱系的灭绝，相反，真正对后续进化产生重大影响的恰恰是横跨整个地区甚至全球生态系统的灭绝事件。换句话说，就是第六章详细讨论过的那些大规模灭绝事件。

宏观进化："荡桶理论"

在灭绝事件为生物清扫出广阔的生态道路之前，重大的进化创新几乎不会出现。生态系统中的生命一代代地延

图146

西番王（*SYNAPTOPHYLLUM* SP.），一种群生皱纹珊瑚。

泥盆纪中期（距今约3.85亿年），纽约。

虽然大多数古生代皱纹珊瑚都是单生生物，但也有一部分属于群居生物，且外形酷似现在的群生石珊瑚。

图147

马里兰星珊瑚（*SEPTASTREA MARYLANDICA*），一种群生珊瑚，属于如今的石珊瑚目。

中新世后期（距今约800万年），美国马里兰州。

中生代和新生代的石珊瑚虽然酷似古生代的板状珊瑚和皱纹珊瑚，但它们可能与没有硬骨结构的现代海葵关系最近。

图148

链珊瑚（*HALYSITES* SP.），一种群生（横板）珊瑚。

志留纪中期（距今约4.25亿年），爱荷华州克拉克县（Clark County）。

这种美丽的形态像缎带糖的珊瑚属于某种群生珊瑚。有些板状珊瑚形成的大片珊瑚群会让人联想到现代海洋中的脑珊瑚。

续了几千年，其中大多数物种无疑都出现了某种程度的进化演变。但如前所述，从本质上讲，这些物种仍然保留着相同的特征。

随着岁月流逝，有些物种逐渐灭绝——大概是因为无可避免的环境变化改变了栖息地的分布状况，使其无法找到合适的栖息地。与此同时，新物种也相继出现。那些在生态方面高度特化且能找到生态立足点的物种往往可以幸存。多数情况下，这些物种都会和亲代物种有所差异。在“间断平衡”模式下，物种在其生命历史中几乎没有明显变化。而在个别情况下，已经形成的物种也会孕育出独立繁衍的新物种。生物解剖结构的变化通常很小，但这种变化似乎都集中在物种形成前后。这说明，独立繁衍的新物种需要在生态（及解剖结构）方面与祖先拉开差距，然后才能生存并发展壮大，最后在化石记录中留下痕迹。

接下来，我们将围绕宏观进化的某些方面展开讨论。在个别情况下，某个谱系中的相关物种似乎会采取一种解剖结构“理念”，并随着时间的推移而逐步发展。如第四章所述，物种会在不断进化的谱系中经过各种形式的“筛选”，而复杂的适应性特征可能是一系列物种形成事件叠加的结果。如前所述，在过去六七百万年间，单一人类物种的脑容量相当稳定，但整体来看，人类的脑容量却在进化过程中不断增大。由此可见，随着时间的推移，人类谱系中脑容量更大的物种存活率也更高。但我们没有看到的是，即使在单一的人亚族谱系中，个体的脑容量也呈现出缓慢、渐进且明显的增长趋势，而且这种趋势从六七百万年前的某个时间点一直持续到了今天。

但多数情况下，在这些历史悠久的生态系统中，一切都随着地质年代的推移而照常运行。如第二章所述，古生物学家已经意识到，在古生代海洋群落的演替过程中，生命其实由一系列截然不同的“组块”构成。这些“组块”在地质年代中一个接一个地堆积起来。覆盖大半个陆地的内海时涨时落，里面栖息着一系列相互关联的群落，包含数百个物种。如前所述，栖息地和群落确实会发生变化。但是，生物群落的整体结构通常是互不相关的物种组成的复杂混合体，它基本会在数百万年间保持不变。前文提到，进化停滞现象展现了单个物种常见的进化模式。多数物种都会在某种程度上出现进化停滞，所以生态系统的整体面貌能够保持稳定，不至于面目全非，这也不足为奇。

从生态角度来看，物种在数百万年间保持稳定，而在进化角度也是如此。进化的稳定带来了生态的稳定。那么反过来，长期的生态稳定能否带来长期的进化稳定？由于生态和进化在错综复杂的因果关系中环环相扣，我们可能永远都找不到这个问题的答案。

不妨设想一下，如果环境变化永远达不到阈值效应，又会出现怎样的情况？假设多数情况下，大多数物种都能找到合适的栖息地，又会发生什么？化石记录已经给出了明确的答案：一切照旧。古生代的生命“组块”延续了 500 万年到 1 000 万年不等！是什么为各个组块画上句号，同时又为下一个组块按下开始键？是灭绝——真正的、跨越基因谱系的生态灭绝。

也就是说，灭绝对进化过程至关重要（见第 221 页图 149）。相对温和的灭绝事件——即那些涉及区域较小、灭绝物种较少且层次较低（如种和属）的灭绝事件，通常会伴随新种和新属的进化。这些新生命就是重建生态系统的组成部分——因此，假设灭绝事件前后的栖息地大体相似，那么新生态系统与先前被破坏的系统也存在一定的共性。

从长远来看，进化演变似乎与物种灭绝有关；比如，海星在地球上生存了近 5 亿年，它们在进化过程中确实出现了某些变化，但在整个生命历史中，其基本形态一直维持原状，生态作用也基本不变。

而规模更大、涉及区域更广的灭绝事件则会对消失族群的数量和规模产生重大影响，因而也对其后续进化过程产生更大影响。某些灭绝事件会让整个科和目彻底消失（按照林奈提出的分类阶元，这些都是排名相当靠前的类群），但随之而来的是物种激增和适应性变化，在此过程中，相应层级的新类群也随之诞生。规模最大的物种灭绝事件带来了幅度最大的进化演变，也让后续生态系统的面貌焕然一新。

接下来，让我们将目光转向哺乳动物，它们很幸运，能够活到陆地霸主恐龙退出历史舞台的时刻。在短暂的滞后期结束后，哺乳动物大量繁殖，形成了一系列“古董”形态（也就是古老而过时的形态，但实际只是代表早期阶段）。大多数原始哺乳动物都没能挺过古新世（即新生代的第一个世）。但也有部分物种幸存下来，然后很快变成我们熟知的啮齿动物、有蹄动物、肉食动物和大象，当然还有鲸和蝙蝠。（见第 222 页图 150）在始新世开始后的 5 000 多万年里，哺乳动物进化史上首次出现这样的大事件（见第 222 页图 151）。

当然，这里面也包括我们自己。我们是聪明的猿类，确实能代表某种程度的创新。如前所述，即使在我们自身的进化过程中，灭绝也确实发挥了重要作用。我们在地球上存活的时间将决定我们能否在未来成为合适的宏观进化案例（到时候，不知道研究化石记录的是人，还是别的什么生物）。

我将这种模式称为进化的“荡桶理论”。进化取决于环境变化。小规模的变动——如火灾或火山喷发——可能会造成破坏：比如，喀拉喀托火山爆发时，周围的所有动植物乃至微生物都毁于一旦。然而，当灾难平息以后，与原

图149

一种棘皮海星（*SGONIASTER SP.*）。

白垩纪后期（距今约8000万年），美国加利福尼亚州。

长时间的进化演变似乎与灭绝事件有关。尽管海星在近5亿年的生命历史中经历了某些进化演变，但它们的基本形态依然维持原状，生态角色也几乎没变。

图150

冠齿兽（*CORYPHODON* SP.），一种古老的哺乳动物。

始新世早期（距今约5000万年），怀俄明州大角盆地（Big Horn Basin）。

这种原始的“古董级”哺乳动物最终走向灭绝，随后，现代哺乳动物群体开始演变。

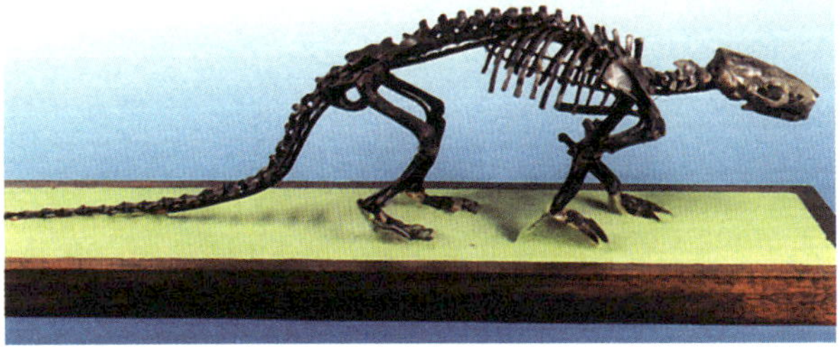

图151

始贫齿兽（*METACHEIRONOMYS TATUSIA*），一种原始哺乳动物，犰狳的近亲。

始新世中期（距今约4500万年），怀俄明州。

该物种属于贫齿目，是最原始的胎盘动物（即“真兽”）。

来相同的物种又从邻近地区迁移而来，重新建立起与被毁生态系统大致相同的系统。

然而，若生态干扰足够强烈——更重要的是，若其涉及范围足够广泛——那么所有物种就会处于危险之中。从某种程度上讲，灭绝事件可能会同时消灭区域生态系统中的大量物种。这就是古生物学家伊丽莎白·弗巴所说的“更替脉冲”，因为生态系统的恢复在某种程度上取决于幸存物种的迁入。但是，这些反复出现的区域性物种灭绝事件会引发物种形成过程，此时，进化开始在生态系统的重建过程中发挥作用。在我看来，这些事件就是适应性变化的主要来源（见第 180 页图 120、第 198 页图 132、第 199 页图 133 和图 134）。

最后，我们还要谈谈真正的全球性大灭绝。这类事件很少发生，且间隔时间很长，但其对进化过程的影响却比区域性灭绝事件大得多。因此，“荡桶理论”揭示了这样一条规律：生态干扰的范围和规模越大，对进化的影响也越大。而进化受到的影响越大，在世界恢复“正常”时期的稳定状态后，生态系统的性质和组成差异也越大。也是因为这样的规律，这个理论才被命名为“荡桶理论”——水桶受到扰动时，桶里的水也会来回摆荡。

尾声
新旧理论

至此，这本有关远古生命的作品已接近尾声。《生物灭绝与进化：化石揭开的生命历史》中的图文资料相辅相成，共同揭示了生命历史的模式，也为我们理解进化的本质带来了新的启示。这些观点为干枯的骨骼和外壳填上了血肉，同样，化石本身也是这些观点的主要来源。和其他科学一样，古生物学也是物质现实和思想领域的互动（见第225页图152）。

实际上，只要感知到这种物质存在——哪怕只是看到一块化石——我们的大脑就会立刻开始解读。我们自以为掌握了物质宇宙的种种规律，但从根本上讲，这些都不过是一种观念。除少数平地论者以外，所有人都知道地球是个球体，一边绕地轴自转，一边绕太阳公转。但就在几百年前，人们还将这种有关地球物理形态和运行规律的理论视为洪水猛兽，认为它荒谬至极。而如今，人们虽然普遍接受这一“事实”，但归根结底，它仍然是一种“观念”。

当然，进化论也是一种观念，它解释了所有生命形式——无论现存的还是已灭绝的——都通过某种相似模式联系在一起的原因。化石记录呈现出种种生物序列，研究人员也在农业、医学和遗传学实验室中开展了一系列研究工作，证明生物遗传性状能够也确实会在已知条件下发生变化，对此，进化论就是唯一科学的解释（当然，也有人用超自然理论解释这些现象）。我们将进化论称为“事实”，但别忘了，和人类总结出的其他自然规律一样，进化论也是一种观念，或者说是一种图像。所谓的事实不过是一种相当成熟、不再遭受质疑的观念。而本书主要围绕两个基本方面展开：一是生命的进化发展，二是地球本身的极其漫长的历史。它们就是人类短暂思想史中最伟大的两个观念。

但与此同时，我们也不难发现，和以上两个基本观念不同，本书所阐述的部分概念并没有成为公认的“事实”。在本书中，我阐述了自己对化石基本模式的看法，同时表达了自己对这些概念的理解，鉴于我的观点已相对成熟，这些内容有助于进一步理解进化过程的本质。相比之下，书中的部分观点可能更容易成为公认“事实”。当然，这些观点越接近经验图像——即实证所揭示的稳定与变化规律、诞生与消亡模式——就越不容易引起争议。

近年来，古生物学对现代进化论思想最重要的两项贡献都有大量实证作为支撑。第一项是进化停滞理论，即物种一旦出现，往往就不会在后续进化过程中积累大量变化。还有一种更普遍的观点认为，进化演变往往会在较短的时

图152

矛齿鱼（*ENCHODUS* SP.），一种蜥蝪鱼。

白垩纪后期（距今约8000万年），科罗拉多州绿河组。

与陆生恐龙和菊石等类群不同，矛齿鱼属在大灭绝中幸存下来，并一直延续到始新世初期。显然，矛齿鱼本身就是凶猛的掠食者，但与此同时，它们也要被薄板龙等体形更大的动物捕食。因此，它们似乎在白垩纪海洋食物链中扮演了重要角色。

来源：罗杰·韦勒，科奇斯学院（Cochise College）。

间内集中出现，而“进化停滞”理论也是该观点的重要组成部分（见第 227 页图 153）。如第三章所述，进化遗传学家并没有考虑到进化停滞的问题，而且乍一看，该理论似乎也不符合原达尔文进化论的核心观点，即进化必然是一个缓慢而稳定的渐进过程。19 世纪的古生物学家已经充分意识到了停滞现象的存在，但却忽视了它的重要性，与此同时，整个停滞现象也遭到了忽视，大概是因为它完全与达尔文的进化论相矛盾。此外，如前所述，进化停滞通常伴随着短期内爆发的进化演变（变化幅度通常较小），这就是所谓的“间断平衡”，该理论与乔治·辛普森提出的“量子进化”概念相关联，辛普森认为，与大规模生物群体中那种周期极长、速度更慢的进化演变相比，大规模进化演变“爆发”的速度更快一些。

辛普森和后来的古生物学家——如史蒂芬·杰伊·古尔德、史蒂文·斯坦利、伊丽莎白·弗巴、布鲁斯·利伯曼（Bruce Lieberman）及我本人都认为，化石记录之所以呈现这种模式，背后的原因不只是记录缺失这么简单，实际上，其中蕴含的某些信息直接关系到进化过程的本质。而除了生物并非匀速进化这一显而易见的结论，化石中的“信息”还包含其他规律。所以辛普森认为，从化石记录的数据来看，进化论需要填充新的要素，也就是他所说的“量子进化”，该理论提供了全新的视角，描述了进化过程之间的相互作用。虽然他的解释遭到了某些著名遗传学家的批判，而他本人后来也修改了自己的观点，但有趣的是，如今的进化遗传学家却将辛普森早先提出的量子进化视为重要理论加以研究。

间断平衡理论也是如此。最近，遗传学家一直在调整有关进化过程的模型和数学公式，以便将这一经验现象纳入进化论当中。但与辛普森及其量子进化理论不同，我和史蒂芬·古尔德只是通过传统进化论的另一个方面——即“物种形成”概念——来解释漫长稳定期内间断发生的突变现象。这就是我们对化石记录模式的解读，如今，我们依然坚持这一观念。我们必须指出，生物学家虽然普遍认可物种形成理论，但有些人仍然不愿接受进化演变通常集中于物种形成阶段的说法。在我看来，化石记录足以证明这一观点，但我也明白，人们很难理解一般的适应性变化为何以及如何能集中在独立繁殖的新物种从原始物种分离出来的阶段。于是接下来，我们便要介绍理论进化生物学的一个前沿领域，也是我和其他学者近期密切关注的领域。

古生物学界近期提出的另一个经验性很强的伟大理论就是大灭绝理论。实际上，该理论涉及的模式早在 19 世纪达尔文尚未提出进化论时就已深入人心，却出于某种原因被埋没了一个多世纪，而如今的古生物界只是“旧事

图153

一种头足纲菊石（*HECTICOCERAS PERLATUM*）。

侏罗纪中期（距今约1.6亿年），巴伐利亚索尔恩霍芬石灰岩。

通常情况下，菊石进化速度较快：和古生代三叶虫等类群相比，其物种进化更快，灭绝也更快。

重提”。如前所述，漫长的生命历史中曾多次出现严重程度不一的大灭绝事件，它们一次次扰乱地球生物群，这一点毋庸置疑（见第 229 页图 154）。每一次灭绝事件都对多个基因谱系产生了影响，毫无疑问，灭绝本身就是一种生态现象。而从进化角度来看，物种的进化显然要在很大程度上依赖于大规模灭绝。只有在大灭绝事件严重扰乱当前生态系统并导致物种数量锐减以后，进化才有可能发生。传统理论认为，生命历史的发展过程相对平稳，新的群体会定期出现，适应性变化则以一种稳定有序的方式不断积累，而新理论却与传统观点形成了鲜明对比。

这两个宏大的理论——即大灭绝理论和进化演变往往在短期内发生的观点——显然密切相关。二者共同颠覆了我们对生命历史基本性质的认知，并引导——更准确地说，是迫使——我们从概念上对进化过程的实际运作模式进行修正。这是一个令人兴奋且永远没有终点的过程。

比如，我们不妨思考一下，为何在大灭绝事件发生以后，物种的形成速度反而会提高？为何生命必须通过这种方式完成“灾后重建”？对此，作为古生物学家，我多数时候与其他人观点一致，认为之所以出现这种现象，是因为灭绝事件为新物种腾出了生态位。但我一直无法理解，所谓的“空位”究竟如何催生新的物种——毕竟物种形成意味着新群落能够独立繁殖。多年来，这个问题一直困扰着我，直到最后，我也只是取得了一些初步进展。

最终，是耶鲁大学的古生物学家伊丽莎白·弗巴找到了问题的答案，她跳出了“新物种在生态空位中形成”的旧有观念，以一种截然不同且简明易懂的方式来看待这个问题。她认为，催生新物种的并不是填补生态空缺的“需求”，相反，物种形成和物种灭绝是由相同因素导致的，即栖息地分布情况及其性质的变动。气候变化几乎是所有灭绝事件的核心原因，因为它会改变栖息地的分布状况；物种如果再也找不到合适的栖息地，就会走向灭绝。栖息地破碎化是物种分裂的必要条件，而这正是物种形成的本质（见第 230 页图 155）。

这番理论真是简明至极。物种灭绝和物种形成是进化模式的两个对立面，其背后竟然隐藏着同一个复杂的成因，这种观点极具吸引力。伊丽莎白·弗巴的理论在两个对立面之间建立了前所未有的紧密联系。

然而，探索之旅远没有结束。学者们一次次重新审视宏大的化石图景，提出新的想法，不断以温和的方式冲击传统观念。这是一场刺激的冒险，能给人带来无穷乐趣。未来，我将与同仁们一起，继续修正旧有观念，直到进化理论与化石记录所揭示的基本模式相吻合为止。如果人们能在很大程度上改变对自己进化模式的理解，就会获得更广阔

图154

提塔利克鱼（*TIKTAALIK ROSEAE*），一种早期四足动物。

泥盆纪中期（距今约3.75亿年），加拿大努纳武特埃尔斯米尔岛（Ellesmere Island, Nunavut）。提塔利克鱼是鱼类和原始陆生四足动物之间的典型过渡物种。最近，学者们对其骨盆区域、后肢和后足以及肩胛带、前肢和前足展开研究，揭示了鳍转变为脚的详细过程，填补了脊椎“鱼类”向脊椎四足动物进化的关键环节。

来源：泰德·德斯科勒（Ted Daeschler），德雷塞尔大学自然科学院数据库（Academy of Natural Sciences of Drexel University/VIREO）。

图155

蒙古鹦鹉嘴龙（*PSITTACOSAURUS MONGOLIENSIS*），一种植食性恐龙。

白垩纪（距今约1亿年），蒙古。

灭绝和物种形成事件通常与栖息地的破碎化和变动有关，和其他灭绝物种一样，蒙古鹦鹉嘴龙的灭绝也受到了栖息地的影响。

的视角，从而重新审视旧有观念，就像在理论世界发现高质量矿石一样。而这本书所呈现的理论矿山还有很大一部分尚待挖掘！

颠覆旧有观念固然会带来激动人心的发现，然而，这种转变也不只有积极的一面。我们必须承认，新观念也是概念图景的一部分，未来某一天也会得到修正，甚至被后人摒弃。1972 年，我和史蒂芬·古尔德发表了有关“间断平衡”的原始论文（1971 年，我曾发表过一篇非常相似的文章，准确来说，这篇论文应该算是后续），我们坦言，当时我们确实想用进化停滞和物种突变理论来替代达尔文的渐进论。在 1977 年发表的第二篇论文中，我们推测达尔文的观点受到了时代的影响：当时工业革命方兴未艾，发展的理念弥漫在各个角落。人们开始慢慢接受系统（包括社会系统和生物系统）的变化，特别是那种井然有序、逐步进行且明显呈进步趋势的变化。

但我们也承认，如果说达尔文受到了时代的影响，那么我们所有人在面对自然界时也都无法摆脱这种影响。为了表明这种观点，承认自己的自然理论必然存在社会观念的痕迹，我们在论文中写道：“值得一提的是……本文的其中一位作者自小就受到马克思主义的熏陶。”毕竟“间断平衡”理论认为，突发的变化往往出现在长期稳定之后——由此可见，“间断平衡”理论与马克思对人类社会经济历史的理解存在相似之处。

这番言论很快便引发反响。有些人认为，“间断平衡”纯粹是马克思主义宣传；还有人批判说，这是虚假的、被曲解的马克思主义！当然，这两种说法都是错误的；达尔文只是在诚实地描绘生命历史的总体图像。这幅图像也许不只来源于化石本身，甚至不只来源于他养鸽子时直接得出的结论，除此之外，里面可能也有时代的痕迹——不过我相信，时代精神不是其图像的来源，而是一种类比，也许正是因为这种类比关系，达尔文才更容易在他所处的时代提出这个惊世骇俗的观点。尽管如此，达尔文的理论仍然以实证为基础；他本人曾表示，未来的古生物学研究将揭示出进化演变的基本模式。（他甚至表示，自己的理论成立与否，将取决于未来古生物学家的观点——也许说得有些过头了！）不过，无论达尔文的观点来源于哪里，都是以经验为基础的，仍待进一步检验。

同样，人们对停滞与变化、起源和灭绝的理解也会受到其他观念的影响。在我看来，影响这些理论的不是马克思主义，而是其他学科在20世纪六七十年代涌现出的类似观点；达尔文的进化论与当时普遍流行的观念存在相似之处，同样，人们对以上问题的看法也与其他领域的某些观念类似。例如，在20世纪70年代，数学界出现了所谓的“突变模型”；经济学界也有类似的概念。而在与古生物学息息相关的地质学界，灾变论也再次得到人们的关注——实际上，自莱尔的《地质学原理》于19世纪30年代出版以来，人们第一次重新审视起这一理论。最值得一提的是，托马斯·库恩（Thomas Kuhn）于1962年出版了一本极具影响力的著作，名叫《科学革命的结构》（*The Structure of Scientific Revolutions*）。库恩认为，在多数情况下，科学进步依赖于革命性的“典范转移”；具体而言，就是用新的自然观念全面取代旧有观念。此外，他还认为这些革命性变化属于突发事件，而且发生在漫长的科学停滞期之后。就在“间断平衡”理论的构建过程中，长期停滞与短期突变的交替模式成为很多学科的共有规律。由此可见，与“间断平衡”类似的并不是马克思主义，而是这种突变与停滞交替的规律。我和史蒂夫甚至在最初的论文中引用了库恩的观点。另外，库恩对科学研究性质的看法与间断平衡理论的诞生还存在更深层的联系。众所周知，在科学史上，库恩的观点也许广受争议（但我觉得现在人们对其观点的批判不像刚开始那么强烈了，毕竟时间已经过了很久！），但库恩提出“典范转移”以后，所有科学家都想成为革命者。于是在1972年，我们也在论文中公然打破常规（只是我们没那么自负和大胆，不敢将这种变革称为“库恩式的典范转移”）。时至今日，仍有评论家认为，“间断平衡”可能会在进化生物学史上占有一席之地，但没有达到其支持者所说的那种宏大的视角转变的程度。

然而，我对“间断平衡”的发展历史有自己的看法，这种看法与该理论

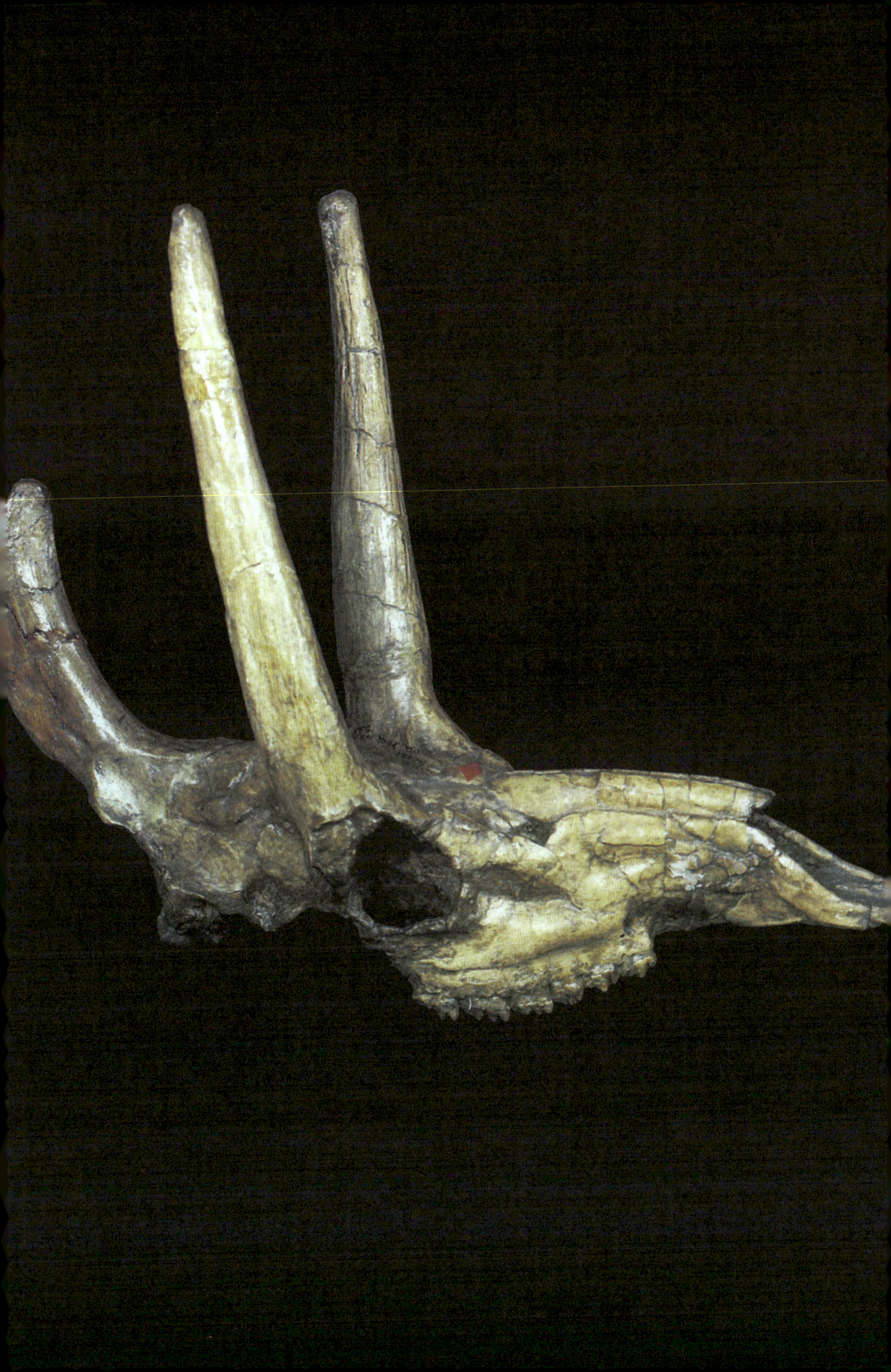

和其他学科的相似之处无关，与普遍的文化现象无关，更与科学革命的概念无关。讽刺的是，在我看来，科学观念的变化规律更符合“知识增长”这一旧有观念：尽管在职业生涯的大部分时间里，我一直强烈反对“渐进论”这个传统进化观念，但实际上，我确实觉得科学知识会呈现出“逐步进化”的发展模式！具体而言，我认为大自然中存在真实的客观规律，通过反复修正，我们可以调整自己对大自然的认知和理解。虽然我们无法掌握所有客观规律，但我们确实一直在追求真理的路上；如果我们觉得在描述自然、理解自然的路上，人类还没有取得任何进展，那么追求科学就会变得毫无意义。在我看来，两种理论必然有高下之分。因此，我认为“间断平衡”理论建立在乔治·辛普森的理论之上，是对其研究方法和部分见解的结合和延伸，另外，同时代的恩斯特·迈尔和费奥多西·多布然斯基提出的物种和物种形成概念也掺杂其中。我们接受了辛普森热衷的古生物进化模式，并发现物种内部也存在类似的模式，然后采纳了（辛普森从未采纳过的）多布然斯基－迈尔学说，即物种是可以相互配育的生物所组成的群体，以此来解释化石记录中典型的停滞—突变模式。和所有理论一样，间断平衡并非凭空产生——我们可以轻而易举地找到其思想根源。

与多布然斯基、迈尔和辛普森所处的时代相比，现在的进化理论发生了多大变化，完全取决于研究的深入程度。如今，人们对生命发展模式的基本认知出现了变化（图156）。在我看来，这种变化意味着我们要从某些基本方面重新审视进化论。不过，最终研究结果如何，很大程度上要取决于未来的发展。

未来，我将继续挖掘这片知识宝藏，因为它是进化理论持续发展的基础（这样说也不为过吧？）。最近，我的作品变得非常抽象——远比本书呈现的内容要抽象得多。我一直在努力探讨生命的双重组织结构，研究其在两个层次体系内的运作模式。一方面，生物在努力生存，同时与其他物种及物理世界展开互动，通过这种方式自然地与生态世界融为一体；具体而言，同一个地区的物种会与其他物种相互作用，形成地区生态系统；而不同的地区生态系统又会相互作用，形成更大的区域生态系统（见第234页图157）。

另一方面，生物能够繁殖，所以

图156

斯氏颅鹿（*CRANIOCEPHALUS SKINNERI*），一种第三纪偶蹄哺乳动物。

中新世（距今约1 200万年），得克萨斯州克罗基特县（Crockett）。

丰富多彩的化石记录给我们留下了众多谜团，也留下了蛛丝马迹，帮助我们探寻生命历史，揭示背后的生命历程，也给我们带来了源源不断的惊喜和启示。

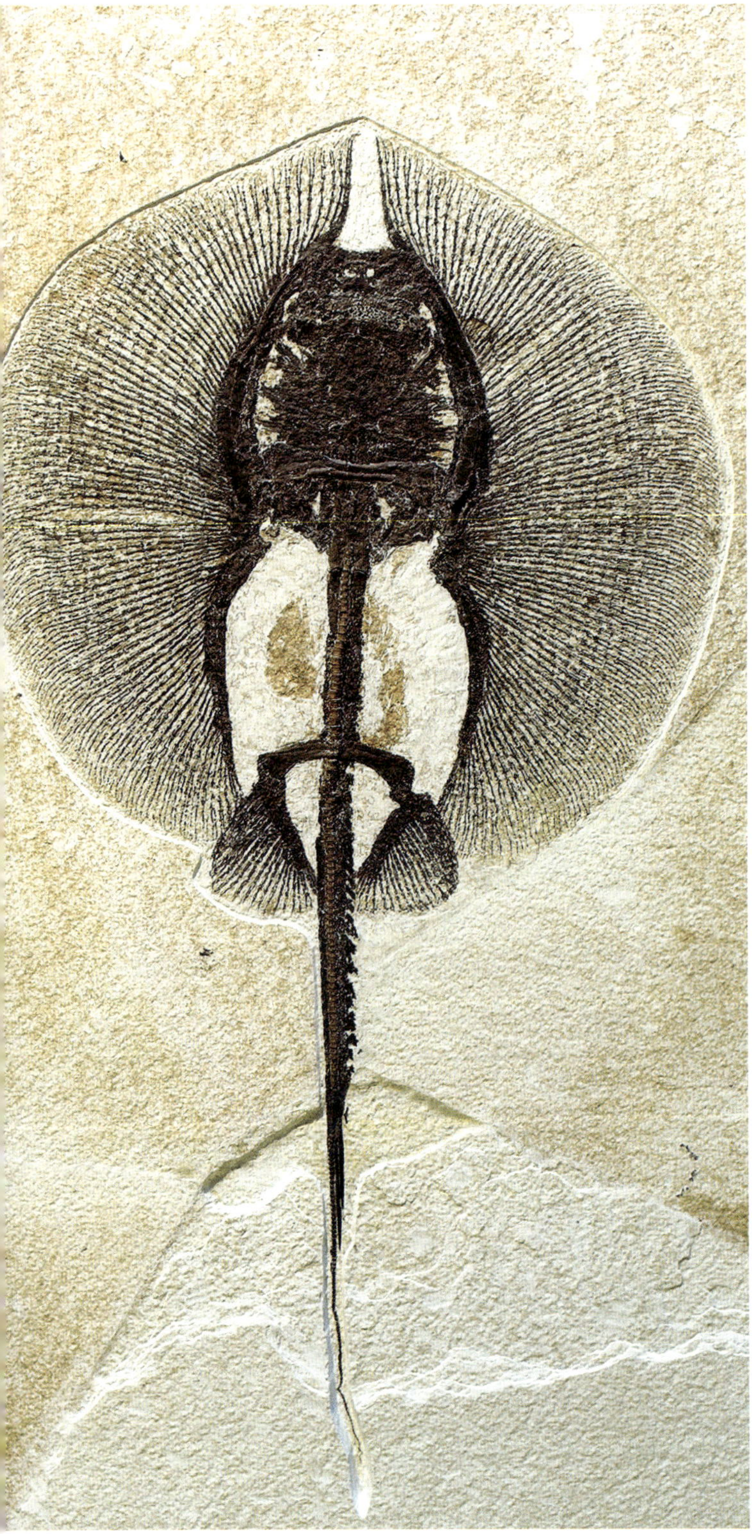

图157

环棘鱼（*HELIOBATIS RADIANS*），一种魟科动物。

始新世早期（距今约5 200万年），怀俄明州绿河组化石湖。

这块精美的魟鱼化石清楚地表明，至少在过去5 000万年里，魟鱼的形态几乎没有改变。

来源：美国国家公园管理局。

它们也是地区繁殖种群的一部分——这些繁殖种群彼此连接，共同构成我们所说的“物种”单元。原始物种会产生后代物种，然后再彼此链接，共同形成我们所说的“更高类群”，即属、科、目和门。这种基因谱系的系统是进化生物学的传统关注点，而生态学家则更关注横跨基因谱系的复杂生态互动网络。一直以来，这两种系统之间的关系都在困扰着专家和学者，而正是因为这两种系统中的要素相互作用，才造就了生命的历史。

但是，所有科学家都不能脱离经验世界，因为在经验世界中，思维观念与自然界的固有模式能够更加紧密地联系在一起。如今，我又开始翻阅化石记录，并从生态学的角度出发，研究稳定与变化之间的关系，因为稳定与变化是大多数物种的典型特征，而稳定与变化的模式则有可能适用于整个生态群体。其中应该蕴含着可靠的线索，能够帮我找到生态和进化领域的关系。没错，探索之旅还没有结束。

摄影师的留言
献给莉莉：永恒的爱

多年前，当我在尼泊尔的喜马拉雅山驼龙垭口（Himalayan pass of Thorong La in Nepal）徒步旅行时，同行的夏尔巴向导一路都在兴冲冲地捡石头，并用大石头把它们砸成两半，然后给我看里面的化石。我当时就纳闷：这些奇怪的海洋生物为什么会被困在17 800英尺（约5.4千米）高的山岩里呢？它们就像庞贝古城的先民，永远定格在了时间的长河。

在本书制作过程中，摄影师必须保留这种惊喜和神秘感。观察化石就像在透过窗户欣赏外面的世界。摄影师必须找到合适的拍摄手法，用照片激发观察者的好奇心，让他们眼前一亮，就像我在驼龙垭口看到化石那一刻所获得的体验一样。

在美国自然历史博物馆拍摄化石中的头骨和骨架时，我不禁想到了《哈姆雷特》里的台词："那个骷髅里面曾有一条舌头，它还会唱歌哩……"

我不断提醒自己，这些化石曾是鲜活的生命，于是便被一种深邃的神秘感所震撼，仿佛一切都是命运的安排。地球的生命之旅恢宏灿烂，而我则深刻感受到，自己也是这旅程的一部分。

默里·阿尔科瑟（Murray Alcosser）

纽约州纽约市

默里·阿尔科瑟于1992年去世。1937年，阿尔科瑟出生在美国纽约布鲁克林，最初是一名电工。20世纪60年代中期，他成为新建麦迪逊广场花园（Madison Square Garden）的布线监工之一。然而，他心中却一直有个摄影梦。十年后，他放弃高薪，结束了自己的电工生涯，并很快凭借创作才华得到了摄影界的认可，摄影作品也出现在雷佐尼国际出版公司（Rizzoli International）和阿布拉姆斯出版社（Harry N. Abrams）出版的书籍当中，并在大型展览中展出。虽然本书用最新的化石照片取代了第一版中的部分插图，但阿尔科瑟仍是当代杰出的自然历史摄影师之一。他活在我们所有人心中。

图158

一种蜻蜓（*UROGOMPHUS*）。

侏罗纪后期（距今约1.5亿年），巴伐利亚索尔恩霍芬石灰岩。

化石的美学价值同样不可忽视。

图159

早期鼠李科植物的花和叶。

古新世早期（距今约6 500万年），阿根廷巴塔哥尼亚。

左侧为花，右侧为叶。围绕灌木化石开展的研究不仅展现了动物多样性，也进一步揭示了白垩纪灭绝事件后的植物多样性。

来源：内森·尤德（Nathan Jud），康奈尔大学（Cornell University）。

“一切宗教、艺术和科学都是同一棵树上的分支。其目的都是为了让人类的生活趋于高尚，使它从单纯的生理存在中升华，并把个人引向自由。”——阿尔伯特·爱因斯坦（Albert Einstein），《我的晚年》（Out of My Later Years）

注释参考书目

Carroll, Sean. 2009. *Remarkable Creatures: Epic Adventures in the Search for the Origins of Species*. Mariner Books, Boston.

在本书中，卡罗尔介绍了几位对进化论发展做出重大贡献的杰出人物，其中包括：亚历山大·冯·洪堡（Alexander von Humboldt）、查尔斯·达尔文、阿尔弗雷德·拉塞尔·华莱士和亨利·沃尔特·贝兹（Henry Walter Bates）、欧仁·杜布瓦、查尔斯·沃尔科特（Charles Walcott）和尼尔·舒宾（Neil Shubin）、路易丝·利基和玛丽·利基、莱纳斯·鲍林（Linus Pauling）以及阿伦·威尔逊（Allan Wilson）。

Dawkins, Richard. 1986. *The Blind Watchmaker: Why the Evidence of Evolution Reveals a Universe without Design*. W. W. Norton & Co, New York.

本书介绍了达尔文的极端支持者对“设计论”的驳斥，其中最著名的“设计论”观点就是18世纪神学家威廉·佩利提出的“钟表理论”，他认为，宇宙就像一只复杂的手表，需要一位钟表匠来设计。

DeSalle, Rob, and Ian Tattersall. 2008. *Human Origins: What Bones and Genomes Tell Us about Ourselves*. Texas A&M University Press, College Station.

本书旨在从传统古生物学和现代遗传学这两个角度出发，共同阐述人类的进化过程。

Dobzhansky, Theodosius. 1937. *Genetics and The Origin of Species. Columbia University Press, New York* (reprint edition, 1982).

本书是“进化综论”的奠基之作之一，它将遗传学与达尔文的观点相结合，探讨了物种的生物学本质。

Eldredge, Niles. 1971. “The allopatric model and phylogeny of Paleozoic invertebrates.” Evolution 25: 156–67.

挑战达尔文“渐进论”的原始论文。

Eldredge, Niles and Stephen J. Gould. 1972. “Punctuated equilibria: an alternative to phylectic gradualism,” in T.J.M. Schoft (ed.), Models in Paleobiology, pp. 82–115. Freeman, Cooper and Co., San Francisco.

在本文中，埃尔德雷奇进一步拓展了1971提出的“间断模型”（episodic model），并首次将其命名为“间断平衡”。

Eldredge, Niles. 1985. *Time Frames: The Rethinking of Darwinian Evolution and the Theory of Punctuated Equilibria*. Simon and Schuster, New York.

本书介绍了一项重构达尔文自然选择速度及模式的研究，读来引人入胜。

Eldredge, Niles. 1985. *Unfinished Synthesis: Biological Hierarchies and Modern Evolutionary Thought*. Oxford University Press, New York.

本书对上文提到的多布然斯基、迈尔和辛普森的著作进行了批判性分析，并提出了生物系统的层次观及相应的扩展进化理论，对进化综论进行了拓展。

Eldredge, Niles. 2014. *Eternal Ephemera: Adaptation and the Origin of Species* since 1801. Columbia University Press, New York.

本书介绍了进化论思想的发展史，其中包括早期古生物学家拉马克（Lamarck）和布罗基（Brocchi）的著作、查尔斯·达尔文的相关贡献以及"间断平衡"和"荡桶理论"等进化思想的起源和发展。

Futuyma, Douglas J, 1986. *Evolutionary Biology*. Second ed. Sinauer Associates, Sunderland, Massachusetts.

优秀的大学进化生物学教材。

Johanson, Donald, and Blake Edgar. 2006. *From Lucy to Language*, 2nd edition. Simon and Schuster, New York.

一本人类祖先的家庭相册，收藏了 700 万年前至今的重要人类头骨化石照片，所有照片均为实物尺寸，精美又生动。

Mayr, Ernst. 1942. *Systematics and the Origin of Species.* Columbia University Press, New York (reprint edition, 1982).

本书聚焦于物种及其进化过程，是进化综论的第二部奠基之作。

Redmond, Ian, 2011. *The Primate Family Tree: The Amazing Diversity of Our Closest Relatives*. Firefly Books, Richmond Hill, Ontario.

本书介绍了我们在动物界的近亲——猿类、猴子和狐猴，内容丰富全面。

Shubin, Neil. 2008. *Your Inner Fish: A Journey into the 3.5-Billion-Year History of the Human Body*. Pantheon, New York.

尼尔·舒宾的全球研究考察重塑了我们对哺乳动物、青蛙、鳄鱼、四足动物和肉鳍鱼起源的认知，因而重塑了我们对人类进化繁衍的认知。

Simpson, George Gaylord. 1944. *Tempo and Mode in Evolution*. Columbia University Press, New York (reprint edition, 1984).

本书从古生物学家的角度阐述了进化过程，是“现代进化综论”的第三篇基础性文献，同时首次提出了辛普森的“量子进化”论。

Sepkoski, David. 2012. *Rereading the Fossil Record: The Growth of Paleobiology as an Evolutionary Discipline*. University of Chicago Press, Chicago.

本书是有关“间断平衡”起源的权威论述。

Tattersall, Ian. 2008. *The Fossil Trail: How We know What We Think We Know about Human Evolution*. 2nd Edition. Oxford University Press.

在本书中，古人类学家伊恩·塔特索尔对整个原始人类古生物学领域展开了精彩深刻的分析。

Tattersall, Ian. 2013. *Masters of the Planet: The Search for our Human Origins*. Macmillan Science, New York.

人类在逐步进化为智人的过程中留下了丰富的化石记录，在本书中，塔特索尔对这些记录展开了深入分析。

Vrba, Elisabeth S. 1991. “From ecology to macroevolution: The Red Queen, Turnover–Pulses, and related topics.” In Stenseth, N. C. (ed.), Coevolution in Ecosystems and the Red Queen Hypothesis. Cambridge University Press, Cambridge.

古生物学家伊丽莎白·弗巴为进化理论的发展作出了重大贡献，让人们对实际进化过程的理解更加贴近生命历史所呈现的模式。在此过程中，她提出的“效应假说”和“更替脉冲”概念尤为重要。迄今为止，她的大部分研究成果都以技术文章的形式发表在科学杂志和书籍上；读者可以通过本文来了解弗巴的著作。

Zimmer, Carl. 1998. *At the Water's Edge: Fish with Fingers, Whales with Legs, and How Life Came Ashore but Then Went Back to Sea*. The Free Press, New York.

本书阐述了宏观进化这个引擎如何在数百万年间改变了生物的体形。

Zimmer, Carl. 2001. *Evolution: The Triumph of an Idea*. HarperCollins, New York.

本书介绍了有关进化的最新理论成果，探讨了达尔文理论的深远影响，强调了进化的力量、意义及其与当今人类生活的关联。

化石爱好者必读书目

Boardman, Richard S., Alan H. Cheetham and Albert J. Rowell (eds.). 1987. *Fossil Invertebrates*. Blackwell Scientific Publications, Palo Alto, California.

本书是多位学者的智慧结晶，全面介绍了无脊椎动物化石的解剖结构和地质分布情况。

Carroll, Robert L. 1988. *Vertebrate Paleontology and Evolution*. W. H. Freeman and Co., New York.

本书涵盖了有关全球脊椎动物化石的最新权威资料。

Clarkson, Euan N. K. 1986. *Invertebrate Palaeontology and Evolution.* Second edition. Allen & Unwin, London.

这是一本优秀且全面的无脊椎古生物学教材，研究范围覆盖全球。

Fenton, Carroll Lane, and Mildred Adams Fenton. 1989. *The Fossil Book: A Record of Prehistoric Life*. Second ed. Rich, Patricia V., et al., eds. Doubleday and Company, New York.

这是一本轻松易懂、图文并茂的通俗读物，涵盖了化石记录的方方面面。

Klein, Richard G. 1989. *The Human Career. Human Biological and Cultural Origins*. University of Chicago Press, Chicago.

这部杰作从考古学和古生物学的角度回顾了人类留下的化石记录。

Maisey, John. 1966. *Discovering Fossil Fishes*. Henry Holt and Company, New York.

本书追溯了鱼类在过去 4.5 亿年的进化历程。

Moore, R. C. (ed.). 1953 et seq. *Treatise on Invertebrate Paleontology*. Geological Society of America and University of Kansas Press, Lawrence.

该作品是多位作者共同撰写的多卷书，向读者呈现了所有已知无脊椎动物化石的概述和插图。是所有同类作品中最权威的一部。

Murray, John W. (ed.). 1985. *Atlas of Invertebrate Macrofossils*. John Wiley and Sons, New York.

本书系统地收录了一系列黑白照片，向读者呈现了全世界很多重要的无脊椎动物化石。

经典著作推荐

Darwin, Charles. 1985. *On the Origin of Species by Means of Natural Selection, or the Preservation of Favoured Races in the Struggle for Life*. Penguin Classics, New York.

本书为1859年初版的重印本。这本《物种起源》是科学史上最具影响力的著作之一。它之所以经久不衰，不只是因为达尔文在其中提出了无懈可击的论证，还因为其风格优雅流畅，符合19世纪英国文学的传统风格。

Darwin, Charles. 2003. *The Origin of Species*. Signet Classics, New York.

本书是达尔文经典著作的第6版，也是最后一版重印本。原书出版于1872年，经过了达尔文的修订，并重新命名为我们今天熟知的《物种起源》。

Darwin, Charles. 2004. *The Descent of Man: Selection in Relation to Sex*. Penguin Classics, New York.

1871年初版的重印本。达尔文认为，如果在《物种起源》中论述这一主题，将会引发强烈的偏见，因此他直到12年后才将人类进化过程纳入其自然选择理论，并将猿类列入我们的家谱之中。

Haeckel, Ernst. 2010. *Art Forms in Nature*. Prestel Publishing, New York.

本书为《自然界的艺术形态》（*Kunstformen der Natur*）的摹本，原书于1899—1904年间首次出版，其中包含了100幅彩色和各种黑白色调的雕刻作品，描绘了从放射虫（Radiolaria）到蜂鸟等各种奇异美丽的自然形态。

Hutton, James. 2010. *Theory of the Earth, with proofs and illustrations*, 2 vols. Gale ECCO, Independence, Kentucky.

本书是1788年原版书籍的复制本，标志着现代地质学的开始。在书中，赫顿提出了一个关键概念，即“根据已发生的事件可以推断未来走向”，这一概念后来发展为均变论，并对达尔文产生了深远的影响。

Lyell, Charles. 1990. *Principles of Geology, Being an Attempt to Explain the Former Changes of the Earth's Surface, by Reference to Causes Now in Operation*, 3 vols. University of Chicago Press, Chicago.

该作品为摹本，原作出版于1830—1833年，它首次向公众介绍了地质渐变论，并对达尔文产生了极大的影响，在乘“小猎犬”号航船外出考察时，达尔文带上了该著作的第一卷和第二卷。

Malthus, Robert. 1970. *An Essay on the Principle of Population, as it Affects the Future Improvement of Society*. Penguin Classics, New York.

本书是 1798 年初版的重印本。在书中，马尔萨斯批判了启蒙运动的乌托邦完美主义，同时描绘出一幅充满饥荒和疾病的黑暗图景，并得出结论，认为人口增长“无限突破了地球为人类提供生存资源的能力”，这一结论在达尔文提出自然选择理论的过程中起到了关键作用。

Paley, William. *Natural Theology; or Evidence of the Existence and Attributes of the Deity*. 2006. Oxford University Press, New York.

本书是 1802 年原版著作的重印本，在书中，佩利对智能设计展开了经典论证。

致谢

在本书创作过程中，美国自然历史博物馆的工作人员起到了关键作用，如果没有他们的帮助，本书根本不可能完成。感谢工作人员允许我们参观博物馆藏品，帮我们鉴别化石，并通过其他方式协助我们的工作。感谢人类学系的保罗·贝利茨（Paul Beelitz）、杰米·布劳尔（Jaymie Brauer）、乔·希门尼斯（Joe Jimenez）、加里·索耶（Gary Sawyer）、伊恩·塔特索尔和戴维·赫斯特·托马斯（David Hurst Thomas）；无脊椎动物系的梅尔文·欣克利（Melvin Hinkley）、悉尼·S.霍伦斯坦（Sidney S. Horenstein）和尼尔·兰德曼（Neil Landman）；脊椎动物古生物系的约翰·亚历山大（John Alexander）、鲍勃·伊万德（Bob Evander）、夏洛特·霍尔顿（Charlotte Holton）、珍妮·凯莉（Jeanne Kelly）、布琳·马德（Bryn Mader）、约翰·迈赛（John Maisey）、马尔科姆·麦克纳（Malcolm McKenna）、马克·诺雷尔（Mark Norell）和艾维·鲁茨基（Ivy Rutzky）。

此外，还要感谢尼古拉斯·利沃尔西（Nicholas LiVolsi）的精美设计；卡尔·齐默的动人序言；四色印刷集团（Four Colour Print Group）的乔治·迪克（George Dick）和贾里德·史蒂文斯（Jared Stevens）在印刷方面提供的宝贵建议以及萤火虫图书公司（Firefly Books）的莱昂内尔·科夫勒（Lionel Koffler）、迈克尔·沃雷克（Michael Worek）、杰奎琳·霍普·雷纳（Jacqueline Hope Raynor）、黛安娜·范德库伊（Diane Vanderkooy）和汤姆·马丁（Tom Martin）在编辑出版方面提供的专业帮助。

最后，还要特别感谢彼得·纽瓦罗蒙特（Peter N. Névraumont）：他构思了这本书，还时常督促作者和摄影师及时完成工作，并花了很多时间推进编辑和制作流程。还要感谢已故的安·朱莉娅·佩里尼（Ann Julia Perrini），作为纽瓦罗蒙特出版公司（Névraumont Publishing Company）的总裁，她让原版作品得以顺利出版，没有她，就没有后续的更新版和修订版。

图160

费氏古蟒（*PALAEOPYTHON FISCHERI*），一种树栖蟒蛇。

始新世中期（距今约4700万年），巴伐利亚州艾希施泰特的梅塞尔页岩。

达尔文曾认为，进化演变通常是漫长的渐进过程，时间跨度长达数百万年，但我却在研究后发现，进化往往间断发生，新的生命形式通常出现在灭绝事件之后。

来源：森肯贝格研究所和自然博物馆。